# 遺したおもちゃたち

写真・解説=山崎 功

## ウルトラハンド

1967年発売、600円

伸縮して遠くのものを掴む、横井軍平の第1作となった玩具。ほんのちょっとの実用性にビヨーンと伸び縮みする楽しさを加えたことで、120万台以上を売る大ヒット商品に。掴んだものをクラッチで固定することができ、手元の紐を引いて放せる工夫がされている。2009年末には、Wiiの特典ソフトとして登場。

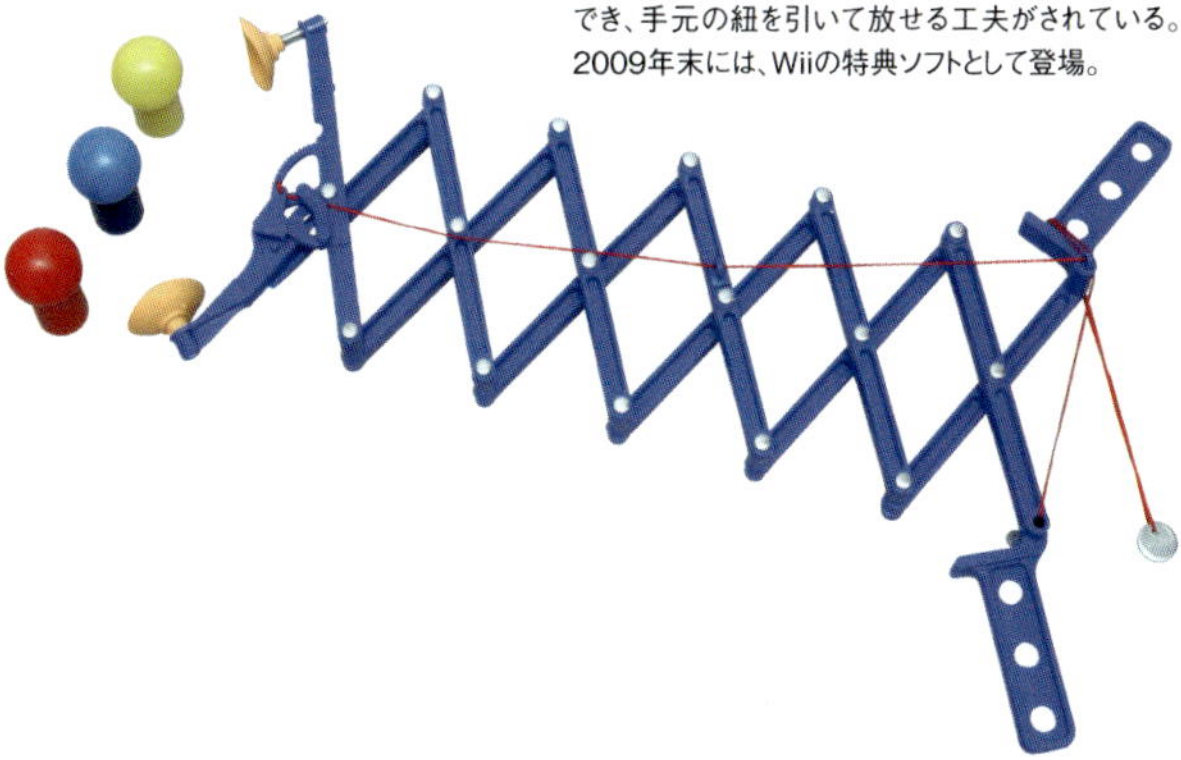

## ウルトラマシン

1968年発売、1480円

家庭で遊べるピッチングマシン。電源を入れるとアームが回転し、ボールを弾いて投げる。カーブを投げたり、ボールの高さを調整することも可能。当初は組立式の不安定な作りだったが、後に改良されたデラックス版では、組立不要の完成式となった。任天堂のロングセラー商品となり、現在も他社から販売されている。

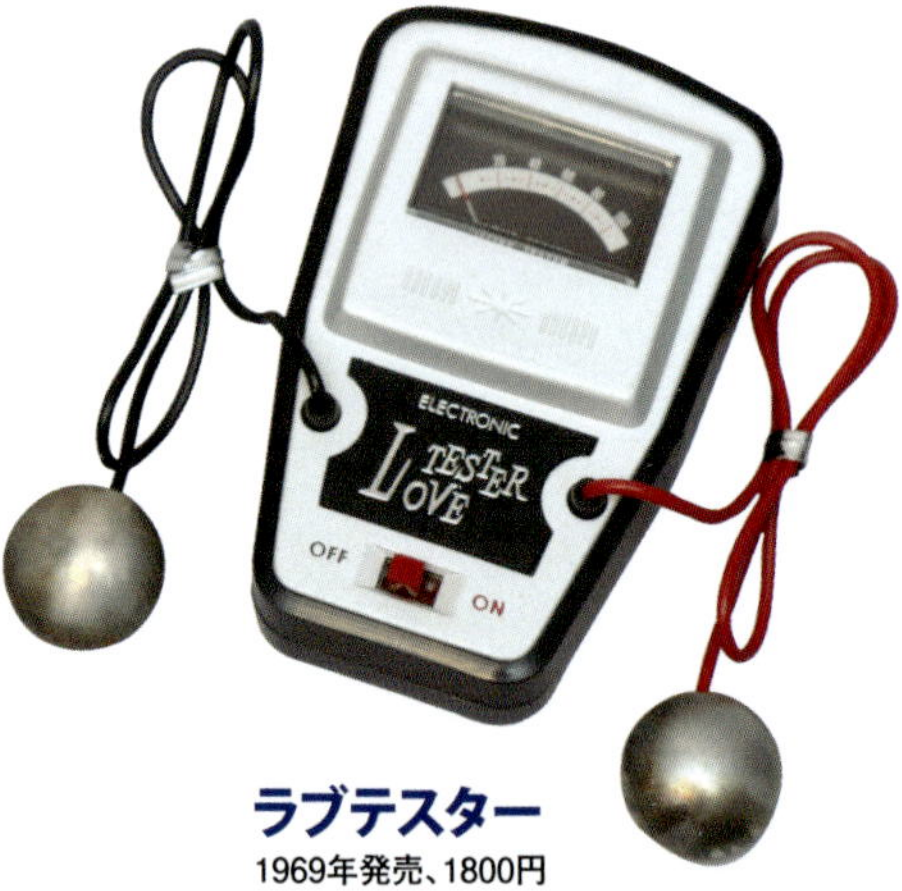


## ラブテスター

1969年発売、1800円

愛情度を計れる玩具。男女がそれぞれテスターの端と端を握り、互いの手をつなぐと、メーターが反応する。原理は検流計と同じだが、使い古された技術に「女の子と手を握る」というひねりを加えることで、愛情度測定器に変身。横井軍平の開発哲学でもある「枯れた技術の水平思考」の原点となった。話題になるがあまり売れず。

## ウルトラスコープ

1971年発売、2980円

高くて見えないところがのぞける潜望鏡の玩具。手元の左ボタンを押すとミラーのついたロッドが最大1メートルまで伸びる。右ボタンで縮み、パタンとミラーがスマートに収まる機構になっている。子供向けなので、実際に「のぞき」に使おうとしても、伸縮時の音が大きく目立つという、実用性と遊びのアンバランスが絶妙だった。

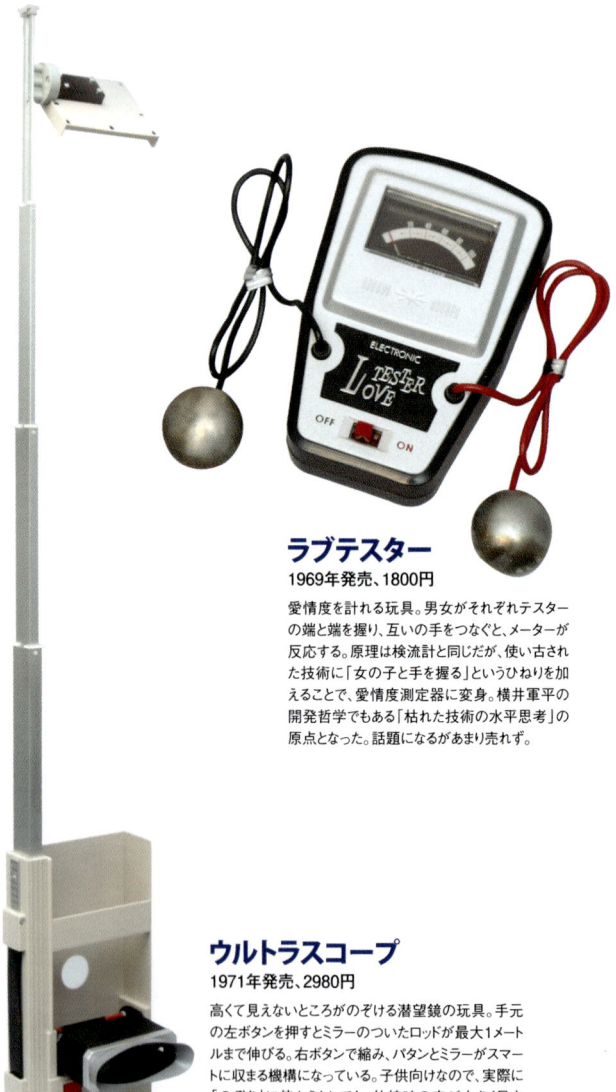

## 光線銃SP

1970年発売、900円～5900円

銃口から出る光を的に当てると、様々なアクションを起こす玩具。太陽電池を的のセンサーに組み込み、銃の光で反応させるしくみが画期的だった。別売りの吠える壁掛けライオンやバネで吹き飛ぶ瓶、ルーレットなど豊富な的が人気を呼び、大ヒット商品に。その後、業務用ゲームやファミコンの周辺機器に使われるなど様々な形で発展。

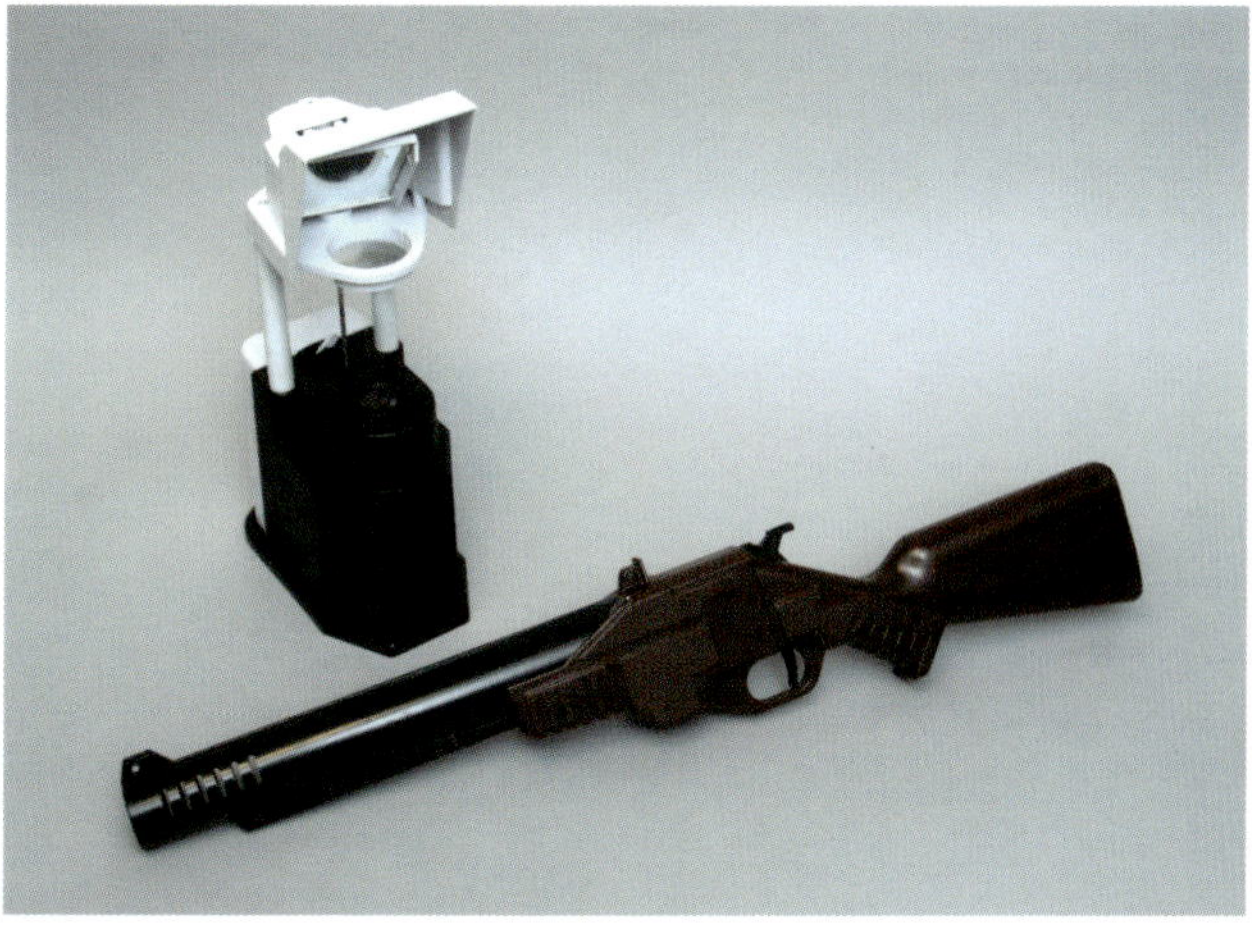

## ダックハント

1976年発売、9500円

壁に映る、羽ばたくカモを光線銃で狙い撃つゲーム。カモに命中すると「ガァガァ」と鳴きながら落ちる映像に切り替わる。光線銃から出るストロボを壁から本体内部のミラーに反射させ、カモの映像に切り替えて表現するという機構で、アナログならではの創意工夫がされている。後にファミコン用光線銃のソフトとして発売。

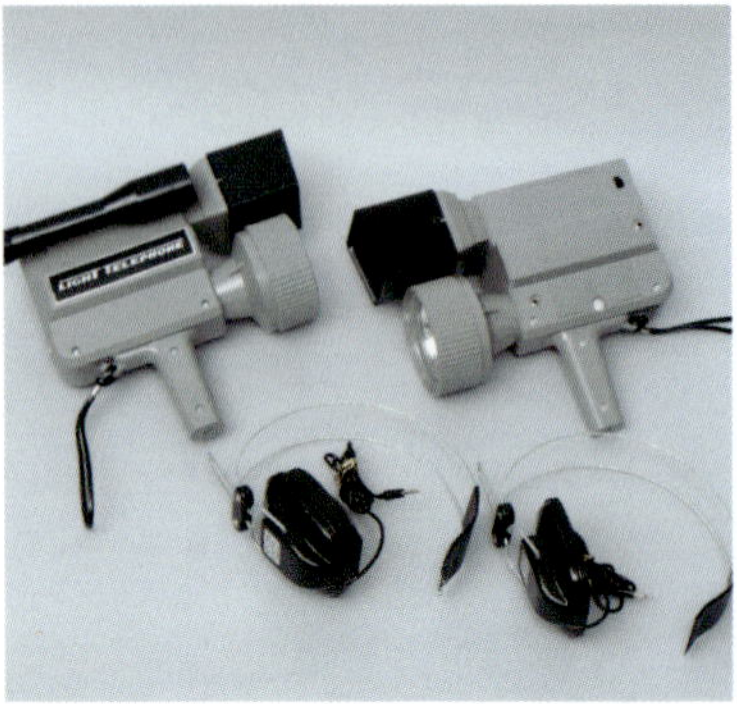


## 光線電話LT

1971年発売、9800円（2台セット）

光の信号で会話を楽しめるハイテク玩具。お互いの光を覗き込みながら喋ると、ヘッドホンから声が聞こえてくる。車の窓越しに会話したいという発想から生まれたという。2台で乾電池12本を使用するなど使い勝手がいいとは言えないが、当時手の届きにくかった無線通話を、低価格で遊びながら楽しめるのが、魅力的だった。

## レフティRX

1972年発売、4980円〜12800円

最低限遊べるだけの機能に絞り、当時高価だったラジコンを低価格で実現。車を充電器で急速チャージし、リモコンのボタンを押すと直進、離すと左に曲がりながら減速する。レフティの名の通り左曲がりのみだが、大まわり小まわりと微調整が可能で、グルッと楕円状に回ることもできる。カラーバリエーションや複数セットが発売。

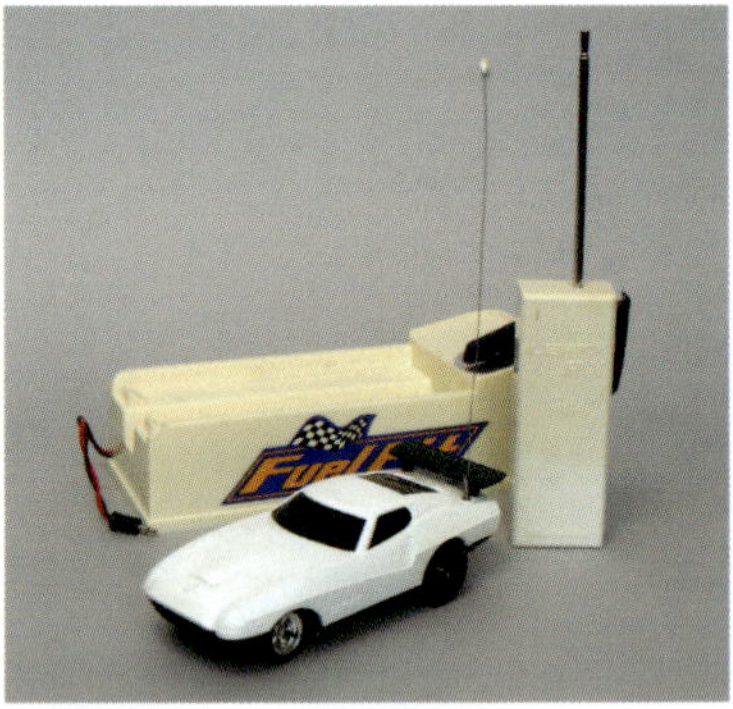

## タイムショック

1972年発売、1800円

制限時間内に、同じ形状の穴にブロックをはめ込んでいくパズルゲーム。時間がくるとブロックがバラバラに飛び散る。当時大ヒットしたエポック社の「パーフェクション」をヒントに作られたものだが、中央のつまみを回転させると、穴の配置を変更できるのが特徴。穴の位置を覚えたら簡単とならないように工夫されている。

## テンビリオン

1980年発売、1000円

円筒型の樽を上下・回転させることで、カラフルなボールの色を揃えるパズルゲーム。80年代初頭に大ヒットした「ルービックキューブ」に刺激されて作られたが、その機構や遊び方は奥深く、100億通り以上の組み合わせができる。とくに海外人気が高く、数学者やパズル好きの間で解き方の研究書が出版された。2007年にリメイクが登場。

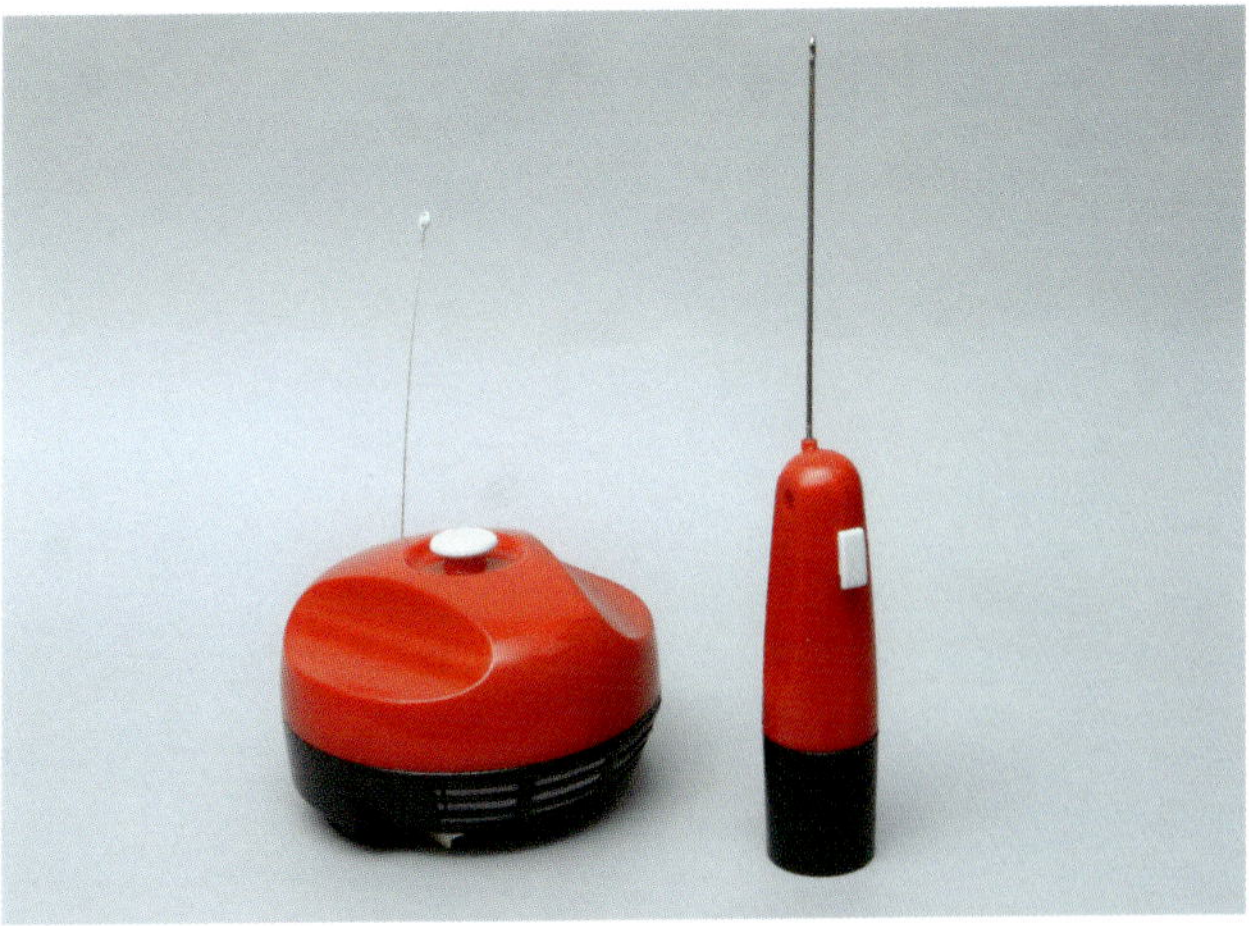

## チリトリー

1979年発売、5800円

クルクル回る動きが楽しい無線クリーナー。チリを吸い込みながらその場で回転し、リモコンのボタンを押すと片方の車輪が反対に回転して進む。壁にぶつかると自動的に方向転換。掃除機という実用品に遊び心を加えた商品は、当時としては斬新だった。GBA用ソフト「メイド・イン・ワリオ」のミニゲームに登場し、ひそかに脚光を浴びた。

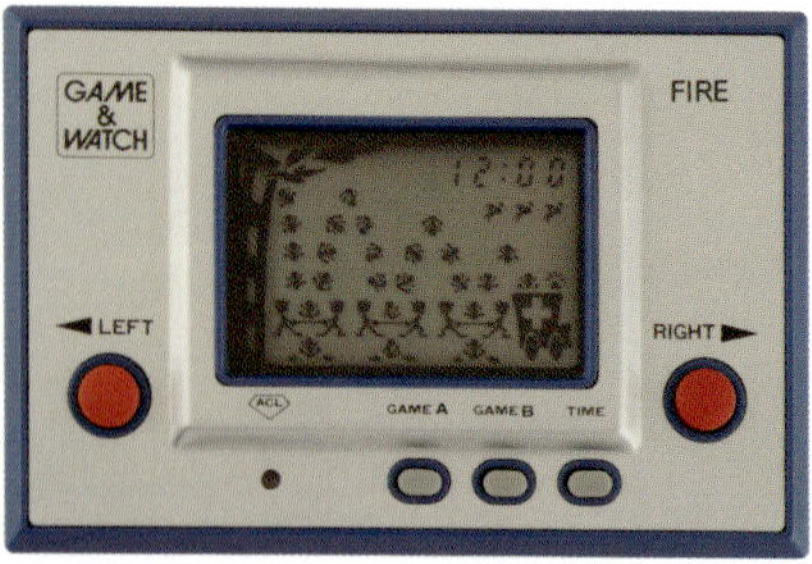


## ゲーム＆ウオッチ

1980年発売、5800円～

1980年代初頭に一大ブームを巻き起こした世界初の携帯型液晶ゲーム機。本体には2種類のゲームが内蔵され、コマ送りのような独特なキャラの動きと電子音が特徴で、時計機能もついている。ゲームは単純なルールながら奥が深く、未だにその人気は高い。新シリーズがでる度に改良され、国内外で約60機種が発売。

## ファミリーコンピュータ

1983年発売、14800円

言わずと知れた家庭用テレビゲームの王様。横井軍平が担当したのは、カセットが飛び出すイジェクトボタンとコントローラの十字ボタンであった。いずれも当時、他のどのゲーム機にも見られない斬新なアイディアで、とくに十字ボタンはその後、家庭用ゲーム機のスタンダードとなり、様々な電子機器に利用されている。

## ゲームボーイ

1989年発売、12800円

ソフト交換式の携帯型液晶ゲーム機。携帯ゲームとしての電池の持ちのよさ(アルカリ電池4本で約35時間)やコストダウンを重視した結果、モノクロ画面を採用。本体横には通信ポート、イヤホン端子、音量・コントラスト調整機能を搭載。華やかな映像や音に頼れない分、ゲーム性の高いソフトが揃い、携帯ゲーム機のスタンダードに。

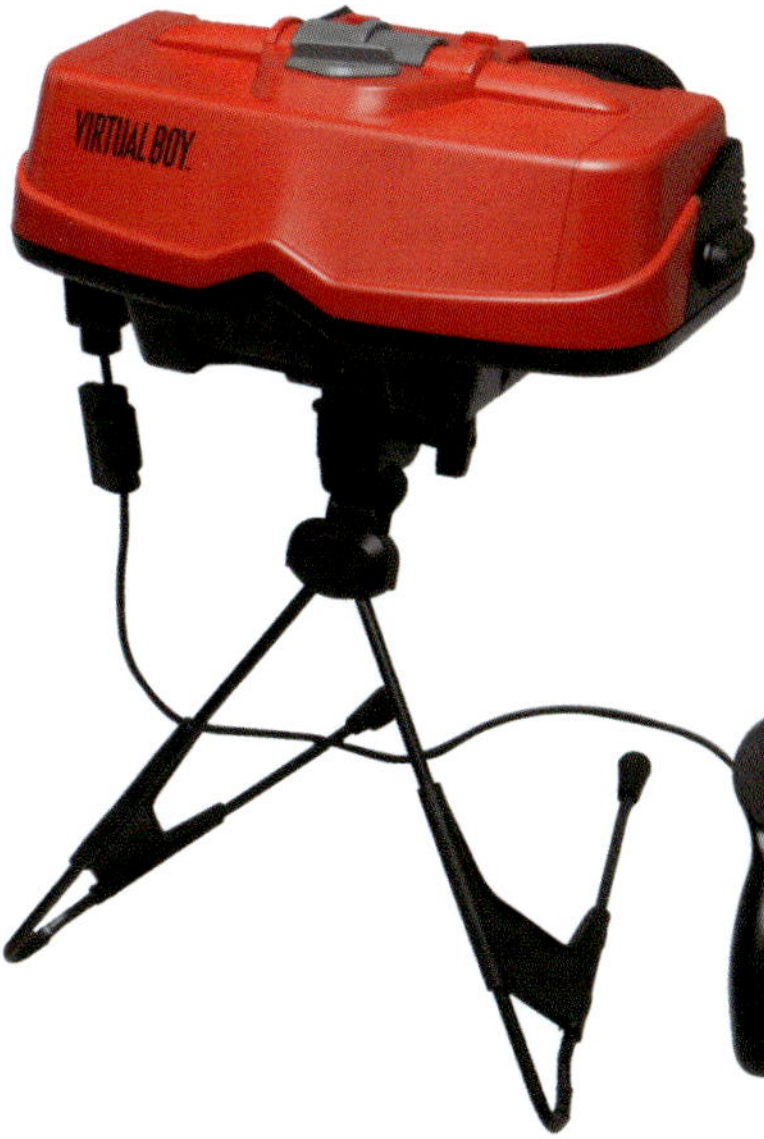


## バーチャルボーイ

1995年発売、15000円

テーブルトップ型LEDディスプレイを覗き込んで遊ぶ異色のゲーム機。左右に異なる映像を表示させることで、3D立体映像を実現した。赤色単色画面と、左右に十字ボタンの付いた他に類を見ないグリップ式コントローラが特徴的。通信ポートが使用される間もなく、商業的には失敗に終わるが、一部のマニア人気は高い。

## くねっくねっちょ

1997年発売、1000円

90年代半ばに流行った「たまごっち」に代表されるキーチェーン型ゲームの一種で、横井軍平が任天堂退社後に設立したコトで開発。ヘビのくねっくねっちょを操作し、フードを食べながら伸びていく身体を壁に激突させないようにして遊ぶ。ルールが異なるゲームBやコントローラのボタンは、ゲーム&ウオッチを踏襲している。

## ワンダースワン

1999年発売、4800円

バンダイから発売された携帯型液晶ゲーム機。横井軍平がコンセプトを考え、彼の会社コトが開発に携わった。華やかな映像ではなく、ゲーム本来の面白さを追求した結果、電池の持ちのよさを優先し、モノクロ液晶を採用。縦にも横にも持って遊べ、ユーザー自身の情報を本体内部に記録できる。ゲームボーイには及ばないものの、健闘した。

## GUNPEY

1999年発売、2980円

パネルの上下を入れ替えながら左右の壁をラインで繋ぎ、パネルを消滅させるパズルゲーム。シンプルで中毒になるとの定評がある。横井軍平が監修したキーチェーン型ゲーム「へのへの」を元に開発され、彼の名をタイトルにワンダースワン用ソフトとして発売された。他のゲーム機でも様々なバリエーションが登場。

# 任天堂ノスタルジー
# 横井軍平とその時代

牧野武文

角川新書

# まえがき

任天堂《にんてんどう》は日本を代表する企業であり、同時に日本では類をみないユニークな企業だ。長引く不況の中でも、Ｗｉｉという家庭用ゲーム機、ニンテンドーＤＳという携帯ゲーム機を大ヒットさせた。その後、世の中がスマートフォンゲームに移り苦戦を強いられるが、「妖怪ウォッチ」のブームで盛り返した。最近はＤｅＮＡとの資本提携などで注目を集めている。しかし従業員数は２０００人程度と、決して大きな企業ではない。京都《きょうと》から出ることもなく、地方企業の分をかたくなに守っている。

任天堂の強さの秘密は、世間で行われている技術競争に背を向け、独自の世界を切り開いたことにある。ゲーム機の世界では、セガ、ソニー、任天堂が90年代半ばから熾烈《しれつ》な競争を繰り広げてきた。そこでは「より迫力のあるゲーム」「画像のリアルさ」「処理能力」などが焦点になっていた。10年にわたる競争の後、任天堂は「ニンテンドーＤＳ」を発売することで、この競争から降りてしまった。遊びの原点に立ち返り、だれもが楽しめる遊びを目指したのである。その結果、ニンテンドーＤＳでは「脳力トレーニング」などのブームが起こり、Ｗｉｉでも健康志向ソフトの「Ｗｉｉ Ｆｉｔ」などで成功を収める。競争に参加するのではなく、自分の長所を活《い》かすことに徹した結果である。

ニンテンドーＤＳもＷｉｉも、決して性能の高いゲーム機ではない。ソニーのプレイステーション４やマイクロソフトのＸｂｏｘと比べれば、貧弱とすらいっていいほどの性能でしかない。しかし、任天堂は、面白い遊びというものは、決して処理能力や画面解像度から生まれるものではないことを知っていた。ＤＳのタッチペン、Ｗｉｉのリモコンなど、人間と機械を結ぶ部分を工夫することで、新しい遊びが生まれることを発見した。このような技術競争から一歩下がって、全体を俯瞰《ふかん》し、本質を発見する思想を、任天堂の中では「枯れた技術の水平思考」と呼んでいる。この思想は、任天堂がまだ一玩具《がんぐ》メーカーにすぎなかった頃に培われたものだ。

この「枯れた技術の水平思考」という言葉を作ったのは、任天堂の開発部に１９６５年から１９９６年まで籍を置いていた横井軍平《よこいぐんぺい》という人物だ。彼は任天堂に入社後、ウルトラハンドやウルトラマシン、ラブテスター、光線銃という数々のヒット玩具を開発し、ゲーム＆ウオッチやゲームボーイといったゲーム機を開発した。いわば、玩具の任天堂とゲームの任天堂の橋渡しをした人物だ。横井軍平は任天堂を退社したため、現在の任天堂を築いた一人でありながら、あまり語られることはなかった。しかし、現在につながる任天堂の基礎が作られる最中にいた中心人物である。任天堂を語る上で、ぜったい外すことのできない重要人物だ。

私は1996年に横井軍平に長時間インタビューをする機会に恵まれた。その成果は『横井軍平ゲーム館』という書籍にまとめることができた。しかし発刊当初は、さほどの反響もなく、やがて事実上の絶版状態となった。ところが数年を経て、次第に「横井軍平の話の内容が面白い。ユニークな発想が詰まっている」という噂《うわさ》が口コミで広がり、2009年にはネット書店アマゾンの中古本価格が最高値で9万円を突破するという異常事態になってしまった。

一方、海外での横井軍平の評価は極めて高い。2003年に横井軍平は、世界中のゲームクリエイターが参加するゲーム開発者会議（GDC）で生涯功労賞を受賞した。これはクリエイターたちの投票によって選ばれるもので、もっとも名誉とされている賞だ。その後、『横井軍平ゲーム館』にはフランスの出版社からオファーが来て、フランス語版と英語版も刊行された。

時代が、一度は忘れ去られた人物を再び求め始めているのだ。

本書は、横井軍平という稀代《きたい》のクリエイターと、彼が残した「枯れた技術の水平思考」という発想哲学をより多くの人に知ってもらうために、『横井軍平ゲーム館』を下敷きとして、新たな取材・調査を加え、再構築した人物ノンフィクションである。

「枯れた技術の水平思考」とは何か？　横井自身の言葉によるとこうだ。

**ものを考えるときに、世界にひとつしかない、世界で初めてというものを作るのが、私の哲学です。それはどうしてかというと、競合がない、競争がないからです。**

最先端技術を追いかけるのではなく、使い古されて、価格も安くなっているちょっと古い技術を、一歩引いたところからフラットに考えてみる。すると、別の使い道が見えてくる。それは世界にひとつしかない商品になるだろう。安く作れて、競争もない。任天堂の成功はまさしく「枯れた技術の水平思考」を踏まえたものだし、今後、日本が熾烈なグローバル経済の中で生き残っていく鍵《かぎ》は、ここにある。横井は安い労働力を求めて海外に工場を移転する企業の動きをこう語っていた。

**安く作らないと売れないというのは、単なるアイディアの不足なんです。だったら日本国内で作っても高く売れるだけのアイディアを考えたらいいじゃないですか。それは決して難しいことをしなくても、実に他愛もないことで実現できるのです。**

横井は、この「実に他愛もないこと」を積み重ねて、数々のヒット玩具を生み出し、京都の任天堂を世界のニンテンドーに押し上げてきた。横井はすでに故人となっており、活躍したのは60年代後半から90年代半ばまでという「過去の人」である。しかし、今の日本を生きる私たちは、横井の言葉に耳を傾ける必要がある。

枯れた〝横井の発想〟を水平に思考することが、これからの私たちが世界で生き残っていくための唯一の道なのだ。

牧野武文

まえがき　11

第1章　今蘇る「枯れた技術の水平思考」　21

Ｗｉｉと DS はなぜメガヒットしたのか？／知られざる天才開発者、横井軍平／今、見直される「枯れた技術の水平思考」

第2章　任天堂に突如現れたウルトラ青年　33

花札会社に拾われた「落ちこぼれ」／初仕事は攪拌機の改造／自称「発明好きのただのおっさん」／もの作りが好きな京都の若大将／もの作りで人をびっくりさせたい／仕事をサボって作ったウルトラハンドが大ヒット／商品化するならゲームにしろ／幻の第2作、ドライブゲーム／たった一人の開発部から生まれたウルトラマシン／ちょっとエッチなグンペイさん／のぞきをスマートにする!?　ウルトラスコープ／公然と女の子の手を握る道具、ラブテスター／時代を先駆けたリズムボックス玩具、エレコンガ／

「枯れた技術の水平思考」の誕生

第3章　逆転の発想が生んだ光線銃　67

豆電球と太陽電池で作った光線銃／社運を賭けたレーザークレー／銃が光を受ける逆転の発想／伝説の名作ワイルドガンマン／世界初（？）の脱衣ゲーム、ファッシネーション／任天堂の転機となる1977年／映像と光線銃のトリック、ダックハント／ラジコンと掃除ロボットとワンボタン／「ばらばらにしたって、いつかは元に戻るやろ」

第4章　ゲーム&ウオッチと世界進出　95

サラリーマンが隠して遊ぶ!?　ゲーム&ウオッチ／ほんのちょっとの実用性を加える／コンパスと定規でグラフィックに挑戦／マリオの生みの親は誰？／いきなり大失敗した任天堂オブアメリカ／敗戦処理で起用された宮本茂／現場で仕事ができない横井の悩み／ファミコンの十字キーを考案／テレビ画面の外で遊ぶ、横井流ファミコン用玩具

第5章　ゲームボーイの憂鬱　129
ファミコンになじめなかった横井の「遊びの哲学」／世界でもっとも普及したゲーム機、ゲームボーイ／カラーは遊びの本質ではない／人生最大の失敗／通信対戦という新しい遊び方／顔を向き合わせて遊ぶゲームボーイ

最終章　バーチャルボーイの見果てぬ夢　149
商業的には失敗作となったバーチャルボーイ／ゲームの進化というジレンマ／50歳からの第二の青春、株式会社コト／辞表を書いても失敗の責任はとれない／親子のような山内と横井の結びつき／「なに言っとるんや、ヒリヒリやで」／「真っ暗闇」はテレビ画面の枠を超えるか？／モノクロ映像は子供の想像力を刺激する／ゲームが「遊び」ではなくなっていった1995年／果たせなかった携帯型バーチャルボーイの夢／タイミングが悪かったPL法の施行／宣伝のしようがなかった3Dの魅力／退職の置き土産、ゲームボーイポケット／九円隊とマイハニー／くねっくねっちょとへのへの／横井が狙っていた大人の携帯ゲーム機／遺作となったワンダース

ワン
特別付録　横井軍平のらくがき　209
鼎談　任天堂と横井軍平　牧野武文／山崎功／遠藤諭　215
世の中が横井さんを呼んでいる？／イノベーションと「枯れた技術の水平思考」／横井、宮本、岩田を見いだした山内の眼力／モバイルという発想の魁／日本の玩具作家の代表格／開発者が開発だけに専念できた時代／スマホとゲームの可能性／任天堂はどこへ行くのか？

在りし日の横井軍平（撮影：清水剛）

# 第1章　今蘇る「枯れた技術の水平思考」

## Ｗｉｉと ＤＳはなぜメガヒットしたのか？

テレビゲームに興味のある人も、興味のない人も、そしてテレビゲームが害毒だと思っている人も、任天堂のＷｉｉとニンテンドーＤＳには、心動かされるものがあるはずだ。かつて、これほどまで、幅広い年代層から快く迎えられたゲーム機はなかった。

ファミコン以降のゲーム機は、常に子供たちには受け入れられ、大人たちからは批判されてきた。ゲームばかりして学業がおろそかになる、視力が低下する、ゲーム脳になってキレやすくなる……。

ところが、ＷｉｉとＤＳに関しては、このような批判がぴたりとやんでしまった。Ｗｉｉは国内出荷台数が１０００万台を突破（２０１０年２月）、世界出荷台数が７０００万台を突破（２０１０年3月）。ニンテンドーＤＳはあまりの売れ行きで生産が追いつかず、どこの販売店にいっても在庫がなく、入荷日には朝早くから行列ができるという騒ぎを経て、国内販売台数が２９００万台を突破（２００９年12月）、世界販売台数は1億２５００万台を突破（２００9年12月）、いずれも最速のペースであり、1億の大台を突破したニンテンドーＤＳは、史上もっとも普及したゲーム機となっている。

ところが、ＷｉｉもＤＳも、ゲーム機の性能としては最先端のものではない。むしろ、一世代前といってもいいだろう。Ｗｉｉはハイビジョン映像の出力ができない（後継機ＷｉｉＵでハイビジョンに対応した)。DSも一世代昔の携帯ゲーム機の性能だ。なぜ、そんな貧弱なゲーム機がここまで受け入れられたのか。

それは任天堂が、「CPUの性能をあげる」「画面の解像度をあげる」といった数字の進化ではなく、Wiiリモコンやタッチペンという「人間とゲーム機をつなぐ部分」の進化に力を入れたからだ。人が操作する部分に新たな工夫をすることで、「使って楽しい」ゲーム機ができあがった。しかも、その操作とは、Wiiリモコンを振る、タッチペンでつつく、文字を書くといった、人間であればやり慣れた操作であったために、今までゲーム機などに興味がなかった人にも「使ってみたい」と思わせることに成功した。

その結果が、ゲーム脳になってしまうと批判されたはずのゲーム機で、大人たちがせっせと脳力トレーニングに励むということになった。健康に悪い、引きこもりになると批判されたはずのゲーム機が、運動不足解消や一家団欒《だんらん》に一役買うことになったのである。

任天堂の岩田聡《いわたさとる》代表取締役は、その成功の秘密をこう語っている。

**【Q】国内ゲーム市場の縮小と、開発規模の増大によるコストの高騰。この2つは、日本のゲーム業界の課題として多くの方が挙げています。それを打開するために、Wiiでは、枯れたアーキテクチャを使うことを選択としたと。**

**【岩田氏】任天堂にはもともとそうした考え方がありました。ゲームボーイを作った横井**

（横井軍平氏、任天堂に在籍したゲーム機開発者）が、「枯れた技術の水平思考」という言葉を残しています。枯れた技術を使い、アイディアで勝負するんだと。宮本《みやもと》（宮本茂《しげる》氏、任天堂専務）も、横井が師匠なのでその考えを受け継いでいます。たまたま、こういう時代に、自分が社長という役割になってみたら、社内にそういう伝統があった。それなら、そういう社風の任天堂がその役に行くべきだと。

（ＰＣ Ｗａｔｃｈ ２００６年12月6日「後藤弘茂《ごとうひろしげ》のＷｅｅｋｌｙ海外ニュース」）

Ｗｉｉ とＤＳが登場するまで、日本のゲーム業界はかなりの危機的状況にあった。それまでのゲーム機は常に進化が求められていた。もっとリアルな画面を、もっと高速な処理を、もっと難しいゲームを。ゲーマーと呼ばれる人たちからの声に、ゲーム機メーカーが応《こた》え続けていった結果、ゲーム初心者には難しすぎて遊べない難易度の高いゲームばかりになってしまった。さらに、そのようなゲームを製作するには、映画並みの製作費が必要になってしまう。莫大《ばくだい》な費用をかけて作ったゲームを、買ってくれるのは一部のゲームマニアだけ。販売本数は年々落ち込み、１本あたりの製作費は高騰するという最悪のスパイラルに陥ってしまっていたのだ。ゲーム業界が不振に陥ったのは、決して「携帯電話にお客を取られている」などということではなく、ごく一部の消費者の要望だけに過剰適応した結果なのだ。絶滅前の恐竜と同じ状況だった。

この悪い流れを断ち切ったのが、ＷｉｉとＤＳだった。たとえば、２作で合計８００万本以上を販売した「脳を鍛える大人のＤＳトレーニング」、通称「脳トレシリーズ」は、その内容を考案するのには監修者の川島隆太《かわしまりゅうた》教授の知見が必須だとしても、ゲームという商品にするのは非常に簡単だ。製作費も、映画並みのゲームと比べれば、桁《けた》が２つは違うだろう。ＷｉｉとＤＳのゲームソフトは、アイディアさえあれば安価に作れることから、今までゲームなどに関心のなかった分野の人たちが、ゲーム製作に関心を示した。結果としてＷｉｉとＤＳは、ゲーム機という枠を超えてしまい、どちらかというと情報家電製品に近い存在になってしまった。

　これが岩田聡氏が言う「枯れた技術を使い、アイディアで勝負する」＝「枯れた技術の水平思考」である。この「枯れた技術の水平思考」は任天堂のＤＮＡといってもいい考え方だ。もちろん「枯れた技術の水平思考」に立ち返ったから、すぐさまニンテンドーＤＳやＷｉｉが生まれたというような短絡的なことを言いたいわけではない。「枯れた技術の水平思考」は、黎《れい》明《めい》期の任天堂で、山内溥《やまうちひろし》社長や横井軍平を中心に醸成されていった考え方であると私は思う。それは任天堂がもともと玩具《がんぐ》メーカーであったということが大きい。玩具は安く作らなければならない。そして、面白くなければならない。これを合理的に突き詰めていくと「枯れた技術の水平思考」にたどりつく。ある意味、「枯れた技術の水平思考」は、玩具メーカーにとって当然の帰結なのだ。

　ニンテンドーＤＳやＷｉｉには、横井軍平の直接の影響というものはまるでない。しかし、そこに「枯れた技術の水平思考」的なものを見いだしてしまうのは、この考え方が玩具メーカーとして当然のものだからだ。任天堂の開発者たちは、横井のことなどまったく頭になく、自分たちで考え、ＤＳやＷｉｉにたどりついたのだろう。だが、それが「枯れた技術の水平思考」の見本とすらなっている。ＤＳやＷｉｉの開発者たちは、「枯れた技術の水平思考」を再発見したといってもいい。岩田聡氏の最大の功績は、ＤＮＡを忘れかけていた任天堂に、もう一度自分たちの根本を思い出すきっかけを作ったことにある。

## 知られざる天才開発者、横井軍平

ところで、この「『枯れた技術の水平思考』という言葉を残した」「宮本茂が師匠と仰ぎ、考えを受け継いでいる」横井軍平という人物の名前は、一般的にはあまり知られていないのではないかと思う。日本でも、ゲーム業界に携わっている人の中ですら、名前を知らなかったり、名前を知っていてもどんな仕事をした人物なのか知らない人がいたりする。ましてや、ゲームと関わりのない人にとっては、初めて聞く名前であるのは当然だ。

しかし、世界のゲーム界では横井軍平は超有名人だ。ゲームに関わる製作者、ジャーナリストでＧｕｎｐｅｉの名前を知らない人はいないだろう。２００３年に開催されたゲーム開発者会議（Game Developers Conference）で横井軍平は、Lifetime Achievement 賞（生涯功労賞）を受賞している。このゲーム開発者会議は、世界のゲーム開発者が集結して、新しいアイディアなどのプレゼンテーションを行う会議で、いわば「ゲーム界のダボス会議」である。その中で、生涯功労賞は、ゲーム文化に多大な功績を残した人物に贈られるもので、これを受賞することは最高の名誉とされる。

横井軍平の他には、ウィル・ライト（シムシティなどの開発者）、中裕司《なかゆうじ》（ソニック・ザ・ヘッジホッグの開発者）、マーク・サーニー（クラッシュ・バンディクーの製作者）、ユージン・ジャービス（初のスクロール型シューティングゲームの開発者）、リチャード・ギャリオット（ウルティマの開発者）、宮本茂（マリオシリーズの開発者）、シド・マイヤー（シヴィライゼーションの開発者）、小島秀夫《こじまひでお》（メタルギアシリーズの開発者）など、そうそうたる人たちが受賞している。

残念ながら日本では横井軍平の名前は忘れられかけていたが、任天堂が本来のＤＮＡである「枯れた技術の水平思考」に立ち返り、成功を収めたことで、横井軍平を再評価するムーブメントが世界で起こりつつある。

この本を読み始めたあなたも横井軍平の名前は知らないかもしれないが、横井が生み出した玩具はきっと知っているはずだ。横井のデビュー作は、１９６７年発売のにょきにょきと伸びる「ウルトラハンド」である。続いて、部屋の中でピンポン玉をバットで打ち返す「ウルトラマシン」、壁の向こうがのぞき見できる「ウルトラスコープ」を開発する。１９６９年には、男女で手をつないで愛情度を測定できるという「ラブテスター」を開発。１９７０年からは光

記憶がきっとあるはずである。任天堂を支えた開発者だった。60〜70年代生まれならば、子供の頃にこのような玩具で遊んだ

ー射撃場「レーザークレー」も横井の開発したものだ。横井は、ファミコンが登場するまでの

線銃シリーズを開発。当時、ボウリング場跡地などに導入された本格的なレーザー銃でのクレ

記憶がきっとあるはずである。

こう紹介すると、「ああ、任天堂の玩具時代に活躍した昔の人か。アナログ時代の人なのね」と思いこんでしまう人もいるかもしれない。だが横井軍平の活躍は、デジタル時代になっても止まらなかった。1980年には、世界初の液晶携帯ゲーム機「ゲーム&ウオッチ」を開発。国内で1287万台、世界では4340万台を売る大ヒット商品となった。これで任天堂は世界進出の足がかりをつかみ、同時に潤沢な資金を得て、そのほとんどをファミコンの開発に注ぎこむ。ファミコンは横井とは別の部署で開発されたが、横井はファミコンとは別ラインの製品である携帯ゲーム機「ゲームボーイ」を開発した。ゲームボーイは国内で3000万台、世界では1億1800万台が売れ、世界でもっとも普及したゲーム機である。この記録は、ニンテンドーDSによって2009年に塗り替えられることになったのだが……。

このようにアナログ玩具からデジタル玩具まで活躍できる開発者というのは、常識ではありえない話だ。アナログ世代の開発者は、デジタル化の波についていけず、普通は管理職になるか消えていくかの道しかない。横井が長年にわたって活躍できたのは、「遊び」の本質を理解していたからに他ならない。

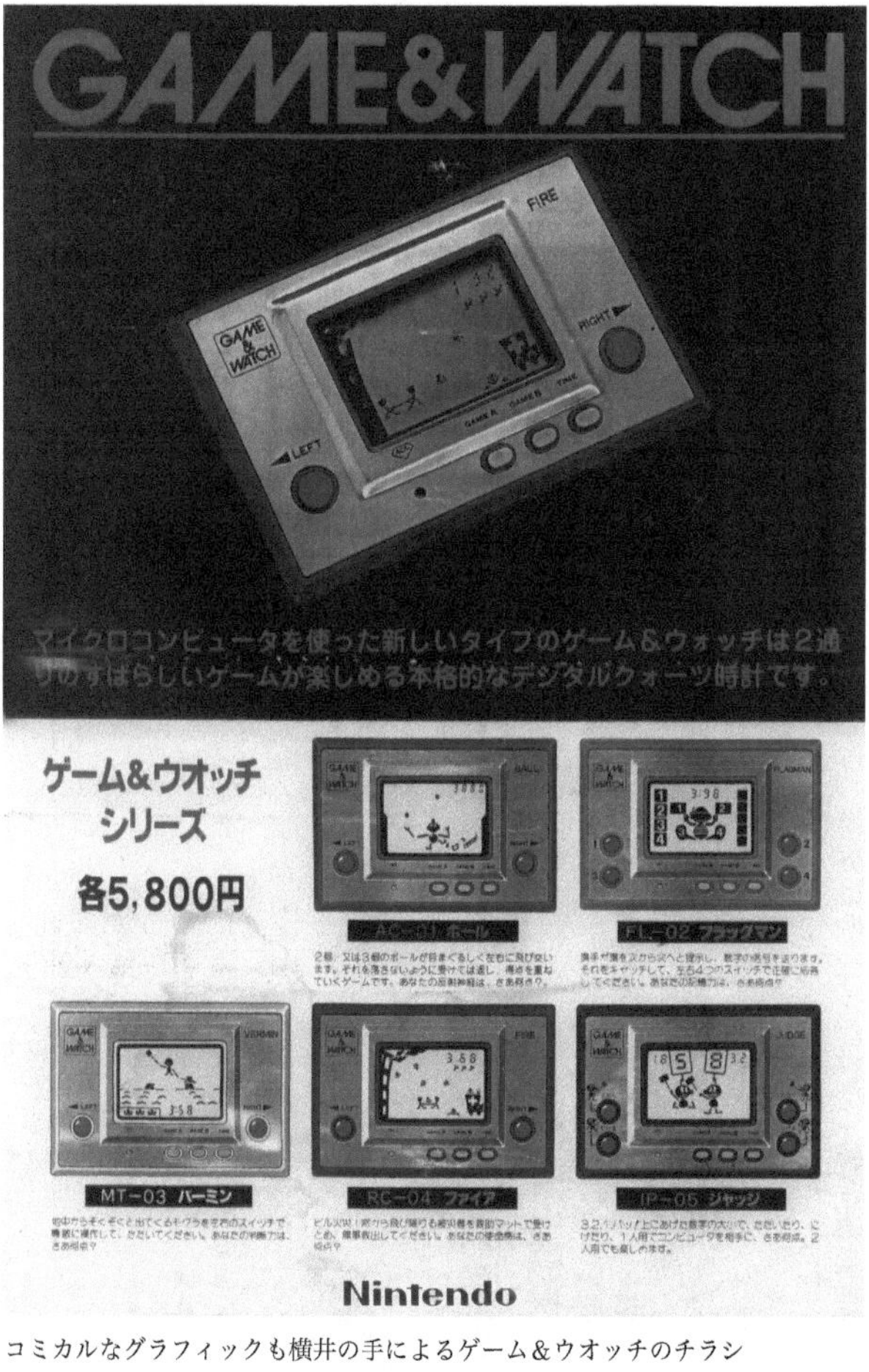


コミカルなグラフィックも横井の手によるゲーム＆ウオッチのチラシ
（資料提供：山崎功）

## 今、見直される「枯れた技術の水平思考」

横井の名前とは別に「枯れた技術の水平思考」という哲学も、各方面からじわじわと再評価されつつある。「枯れた技術の水平思考」とは、すでに時代遅れになった技術であっても、俯《ふ》瞰《かん》して新たな使い道を考えれば、今までになかったオンリーワンの商品が開発できるという考え方である。技術者はついつい最先端技術に走りがちなものだが、「枯れた技術」には低コストで実現できるというメリットがある。任天堂のＷｉｉやニンテンドーＤＳなどは、まさにこの考え方のもとに作られた。この考え方は、これからの日本の行く末を握る鍵《かぎ》として評価されつつあるのだ。

日本という国は、高い技術力で経済大国となり、国際社会の中で重要な地位を占めてきた。しかし、その地位が最近ではずいぶん怪しくなってきたことは、だれもが感じている。ついこの間までは「日本製品は品質が高いので、グローバルな競争でも勝ち残れる」という自負をもっていた。しかし、今では、その自信もゆらぐような状況ばかりが起きてくる。「ほんとうに高品質だけでやっていけるのか？」という疑問をもっている人も多いのではないだろうか。その不安から、厳しいコストダウンに走り、今度はあちこちで品質問題を起こすという事態に陥っている。

その最たる例が携帯電話だ。日本の携帯電話は、世界に例を見ないほど高品質で高機能だった。しかし、世界市場ではまったくと言っていいほど売れなかった。当初は価格が高すぎるというのがその理由だと考えられ、「いずれ世界市場も、高品質、高機能のものを求めだす。世界市場が、日本製品の品質、機能を理解するまでに多少の時間がかかるのはしかたがないことだ」と言われていた。ところが、ようやくわかってきたのは、世界市場は日本の携帯電話の高品質、高機能をそもそも求めていなかったということだ。

ユーザーにとっては、たとえ携帯電話が故障しても、すぐに修理や交換をしてくれればそれですむ話で、高機能だとしても使いづらい携帯は使いたくない。それが世界市場の声だった。一方で、アップルのｉＰｈｏｎｅは、日本の携帯電話と比べて決して高品質、高機能だとはいえない。しかし、自分の好きな機能をダウンロードして自由に組み込めるため、シンプルな電話としても高機能な電話としても使える。そんな新たな発想で、ｉＰｈｏｎｅは携帯電話の世界に切り込み、大成功を収めた。

日本の携帯電話は確かに高品質、高機能だが、それは礼服のようで、着ると息苦しさを感じてしまう。一方でｉＰｈｏｎｅはオーダーメイドの服で、自分の趣味に合わせてカジュアルにもフォーマルにも着こなすことができる。消費者がなにを求めているのかをアップルはよく知っていた。

横井はこう言っている。

**日本企業というのはどんどん海外進出しています。それは、安い労働力で安く作らないと負けるから海外に進出しているわけです。私に言わせれば、そうではない。安く作らないと売れないというのは、単なるアイディアの不足なんです。だったら、日本国内で作っても高く売れるだけのアイディアを考えたらいいじゃないかというのが私の意見です。それは決して難しいことをしなくても、実に他愛もないことで実現できるのです。**

高品質、高機能にあぐらをかいているのではなく、コストダウンに血眼になるのではなく、アイディアで勝負し、オンリーワン製品を作るべきだと言っている。それを実践したのが、任天堂のＷｉｉ、ニンテンドーＤＳであり、アップルのｉＰｈｏｎｅだ。

横井の言葉で注目してほしいのは、アイディアで勝負することは「実に他愛もないことで実現できる」と断言していることだ。横井は任天堂で「枯れた技術の水平思考」を実践したヒット玩具を生み出してきた。しかし、そのいずれもが、後から聞いてみれば「なあんだ」と言いたくなる「他愛もない」発明なのだ。

しかし、聞く前に同じことを発想できるかどうかは実に怪しい。どうして横井には、その〝他愛もないこと〟ができて、私たちには〝他愛もないこと〟ができないのか。その横井の発想の秘密を学びたい。そう考える人が増えている。

# 第2章　任天堂に突如現れたウルトラ青年

## 花札会社に拾われた「落ちこぼれ」

任天堂は家族的な雰囲気の濃い企業だ。企業というより、大家族といってもいいぐらいかもしれない。社員の結びつきは強い。どんな仕事もチーム全員で全力投球する。そのため、任天堂はスター社員が生まれづらい。ヒット商品が生まれても、それは一人の功績ではなく、関わった全員の功績だと考えるからだ。

そのような企業風土であったため、横井軍平は数々のヒット商品を生み出しながら、世間ではあまり知られていなかった。横井自身も、全員の功績であって、自分一人の功績ではないと考えていた。まれにマスコミの取材を受けるときも、該当する商品についてのみ語り、自分の開発ストーリーにまで遡《さかのぼ》って語ることはなかった。

1996年、31年間勤めた任天堂を退社した後の横井軍平は、自らの会社コトを設立したこともあり、講演会やマスコミなど、人前に積極的に出ていった。「あの任天堂の屋台骨を支えてきた男」「世界中で4800万台を売ったゲーム&ウオッチの発明者」「世界で1億1800万台を売ったゲームボーイの発明者」として、あちこちから賞賛された。次第に人々は、横井を「天才」と呼び始めた。もちろん、大きな仕事を成し遂げてきた人に対する敬意を込めて安易に「天才」という称号を横井に使ってしまう人もいたが、ビジネスや技術がわかっている専門家たちでも、横井の仕事の内容をつぶさに見れば見るほど、横井に天才の称号を与えることが自然に思えてくるのだ。

　しかし、横井は「天才」と呼ばれることを嫌っていた。

　私にこう語ってくれたことがある。

「私は天才と呼ばれるのが嫌なんですよ。みなさんがそういってくださることはありがたいと思うんですけど、私は天才じゃありません。むしろ、落ちこぼれなんですよ」

「私は落ちこぼれ」というのは横井の口癖のようなものであり、事実、学校の勉学に熱心でなかった横井の成績は優秀とはいえないものだった。１９６５年に同志社《どうししゃ》大学を卒業して、任天堂に就職した横井は、同級生に対してそのことを恥じていたようだ。横井の専攻は電子工学。同級生はほとんどが大手の電機メーカーに就職していた。任天堂は今でこそ日本を代表する企業だが、当時の主力製品は花札とトランプで、電子工学の知識に出番などはほとんどなかった。企業とは名ばかりで、職人が花札を手作業で貼り合わせて作っているような地方の町工場の臭いが漂っていた。

「任天堂に入社してしばらくは同級生に会うのが嫌だった」と語ってくれたこともある。

「だから、私はほんとうの落ちこぼれなんですよ。その落ちこぼれの私を拾ってくれた任天堂には、ほんとうに感謝しています」と何度も言う。

　横井がなぜ任天堂に就職をしたのかは大きな謎だ。そして、任天堂もなぜ電子工学科卒の大学生を採用したのか。これも大きな謎だ。当時の任天堂には、電子工学の知識を活《い》かすような仕事などなかったのだ。一説には、ある一定規模以上の工場には電気関係の保守をする要員を置かなければならないという法律が施行されて、その対策で電子工学科卒の学生をしかたなく雇ったのだという話もある。いずれにしても、前途洋々たる人生など、入社当時の横井には無縁な話だったのだ。

## 初仕事は攪拌機の改造

横井が入社当時、どんな仕事をしていたかを教えてくれたことがある。初めて手がけた仕事は、糊《のり》の攪拌《かくはん》機の改良だったという。花札は何枚かの紙を貼り合わせて作る。この貼り合わせる糊の性能は極めて重要だった。というのは、貼り合わせた紙の接着ぐあいが悪い場合、紙の角の部分が少し剝《は》がれて浮いてきてしまうのだ。このような欠陥を花札の勝負師たちは見逃さない。剝がれている部分を指の爪でさらに浮かせて、花札に印をつけることができる。いわゆる「ガンをつける」というイカサマで、その花札を覚えておけば、伏せてあっても表がなんの絵柄であるかがわかるようになる。勝負を有利に進められることは間違いない。

もちろん、当時も賭博《とばく》行為は刑法に触れる行為だった。しかし、高度経済成長以前の時代は、大人の男性であれば、マージャンや花札、トランプなどで、小遣い銭の範囲で賭《か》け事をするのはあたり前のことであったし、高額が賭けられる組織立った「賭場」も、まだまだ残っている時代だった。お遊びで花札をするにしても、命をやり取りする真剣勝負であっても、イカサマはもっともやってはならないご法度だった。

当時、任天堂の花札が売れていた理由はここにあった。任天堂は専売公社に食いこみ、全国のたばこ屋で花札を販売していた。賭場を開帳したい勝負師たち、あるいはちょっと週末に花札を楽しみたい大人たちは、まずはたばこ屋に花札を買いに行く。古い花札を使うと、だれかがガンをつけたものかもしれないし、古くなっていればガンがつけやすくなる。公正な勝負をするために、毎回新しい花札を使うのだ。これが初期の任天堂を躍進させる原動力となった。

勝負師たちは、新しい花札にこだわる。製造に欠陥があって、最初から剝がれがあるような花札は論外だった。しかし、当時はまだまだ製造技術も手作業の部分が多く、どうしても欠陥のある花札が市場に出回ってしまうことがあった。

「あるとき、怖い形相をした団体さんが任天堂に乗りこんできましてね。うちらの賭場をどないしてくれんじゃと、おまえらの作った花札のせいやぞと。そんなことしょっちゅうでしたな」と、横井は私に教えてくれた。それは横井一流の話を面白くするための創作だったかもしれない。しかし、横井が入社した当時、花札の製造工程に問題が発生していたのはほんとうだろう。横井が原因を調べてみると、糊の攪拌機に問題があり、複数の種類の糊がよく混ざらなかったため、接着力が低下していたことがわかった。横井は、攪拌機の改良を始める。

「簡単な仕事でした。攪拌機の羽根の形状に問題があることはすぐわかりましたから、すぐに図面を引いて、新しい羽根を作りました。こんなことは、子供のときからずっとやってきましたから得意中の得意だったんです」

横井にとっては、さして難しくもない仕事だったのだろう。しかし、横井の将来はさっぱり見えてこない。任天堂は、この才能あふれる若者を攪拌機を改良させるために雇ったのだろうか。

## 自称「発明好きのただのおっさん」

「落ちこぼれというのが言いすぎというのであれば、私はどこにでもいる普通の人です」と横井は言葉を続けた。

「天才だとか言われるよりも、どこにでもいる普通の人が努力を積み重ねてきたから、世間から認めてもらえる仕事ができたと言われる方がよっぽどうれしいんです。ほんとに私はたいした人間じゃありません。私にだってできたんだから、みなさんなら努力さえすれば、もっと素晴らしい仕事ができますよと言いたいんです」

横井の仕事の半分は努力の積み重ねであることは事実だが、あとの半分は着想の面白さだ。「そんなことよく思いつくな」と感嘆させる技術と工夫が、横井の仕事には詰まっている。私はこの横井の言葉にすら疑問を感じた。横井の内面にある謙遜《けんそん》と美学が言わせている台詞《せりふ》にすぎず、やはり横井には天才の一面があると感じていたからだ。そして、私は今から思えば実に失礼な言葉を横井にぶつけてしまった。

「じゃあ、横井さんは、街中によくいる発明好きの普通のおっちゃんで、それが運よくたまたま任天堂に拾われたから、素晴らしい仕事ができた。そういう風に書きますけど、いいですか」

言ってしまってから、ぎくりとした。いくらなんでも失礼な物言いだったと自分でも気がついたからだ。横井の顔をおそるおそる見ると、彼特有の人なつっこい笑みが、さきほどよりも倍ほどに増幅されていた。

「そう書いてください。だって、その通りなんですから。発明好きのただのおっさんが人様から認められる仕事を成し遂げられるなんて、だから人生って面白いんですよ。そう思いませんか」。横井自身がそう主張するので、私は公式には「横井は発明好きのただのおっちゃん」と言わざるを得ないが、本心は今でも天才だと思っている。

## もの作りが好きな京都の若大将

横井軍平は１９４１年に京都に生まれた。ビートルズのメンバーとほぼ同年代で、怒濤《どとう》の60年代に青春期を過ごすことになる。古い社会のあり方を破壊して、新しい秩序を築いていった「怒れる若者」世代だ。しかし、横井は怒りとは無縁な朗らかな若者だった。父は会社役員をしていて経済的にも恵まれていた。４人兄弟の末っ子で可愛がられ、なに不自由なく育っていったといっていいだろう。そのような環境で、横井はひとつのことに熱中すると、とことんまでやるという少年になっていった。

小学生のときに、鉄道模型のブームが起こり、横井も父親に頼みこんで、一式を買ってもらった。これに熱中して、本格的なジオラマを作り、雑誌の取材を受けるまでになったという。横井が子供の頃に作ったというジオラマの写真を見る機会があったが、たたみ2畳分以上はある本格的なものだ。ジオラマ用の紙粘土をこねていて、あまりの熱中ぶりにめまいを起こして倒れてしまったこともあるという。横井の父親はたいへんなきれい好きで、ジオラマを出しておくと叱られた。そこで、横井は遊ぶときだけジオラマを広げて、終わったら押し入れにしまうにはどうしたらいいかを考える。ジオラマを分割して、折り畳みができるように工夫した。このエピソードは、いかにも横井軍平らしい。

横井は、もの作りが大好きだったが、家に閉じこもったままの内向的な少年ではなかった。子供時代の写真は、後の横井からは想像できないほど体格がよく、しかもどの写真もカメラの方をしっかりと見て写っている。内向的な子供にありがちなはにかみや不安げな表情はひとかけらもなく、瞳《ひとみ》には好奇心の輝きだけがともっている。

横井はエスカレータ式に同志社大学工学部に入学したため、受験勉強をする必要もなく、高校、大学時代は大いに遊んだという。横井のアルバムを捲《めく》ると、上品なテニスウェアに身を包んでコートに佇《たたず》む写真や、「GY」とイニシャルの入ったウェットスーツでダイビングに興じる写真が目に飛び込んでくる。石原裕次郎《いしはらゆうじろう》主演の映画『太陽の季節』で当時の流行語ともなった〝太陽族〟を地で行くような青春を送ったのだろう。

その中でもとりわけ好きだったのが外車で、自分で車をいじっては、友人を乗せてドライブに行くのが好きだったという。もちろん、横井のことだから、おとなしくドライブだけしているわけではない。テープレコーダーを買って、これを車のスピーカーに接続し、自称「世界初のカーステレオ」を開発したりしている。車が走っているときは、どうしても振動で音が歪《ひず》むので、振動を吸収するための機構をずいぶん工夫したりしている。

横井のもの作りで特徴的なのは、ものを作ったら、必ずそれを使っていたずらをするということである。開発したカーステレオも、さっそくいたずらに使っている。

**野球の中継なんかを録音しておきましてね、夜中に走って、信号待ちで隣に車が並んだら、大きな音で中継を再生するわけですよ。すると、隣のやつが、一生懸命ラジオをひねって野球中継をしているチャンネルを探すんですね。それが面白くてねえ。当時は、そんな録音なんかできるとは誰も思っていないですから。**

この「ものを作っていたずらに使う」というのが、横井軍平の核であるように思う。後に横井が開発するさまざまな玩具《がんぐ》は、すべていたずらに使えるものばかりなのだ。横井の人生は、いたずら人生といってもいいかもしれない。

しかし、そんな子供であったために、机にかじりついて勉強をすることなどには興味をもてなかった。学校の成績の方はさっぱりだったし、大学を卒業しても、自分の才能をどうやって社会の中で活かしていけばいいのかは、本人にもまるでわからなかったようだ。

## もの作りで人をびっくりさせたい

横井が入社したばかりの任天堂に、横井の才能を活かす仕事などありようもなかった。糊の攪拌機の改良などはまだいい方で、その他は電気設備の保守点検をしていたという。当時の横井の心中を知るすべは今となってはもうないが、私に何度もこう言った。

「もの作りは大好きだったけど、それが仕事になるなどとは思っていませんでした。自宅から近い任天堂に就職して、安穏と定年まで勤められればそれでいいかなという気分でした」

横井は社会の中でどのように生きて行くべきなのか、かなり悩んだのではないかと思う。もの作りが好きで、そのことに対して一定の自負はもっていただろう。しかし、そのもの作りは、日本を後に支えることになる自動車や家電製品のもの作りとは別の線路を走っていたことも自覚していただろう。横井が好きなのは、自分が作ったもので人を驚かすことで、それで金儲《もう》けをしたり、賞賛されたりするためではない。

横井にこういう質問をしたことがある。

「もの作りが好きな人の中には、そのメカニズムや発想にのめりこんでいく研究者タイプの人と、自分が作ったものを他人に自慢して喜ぶガキ大将タイプの人がいるように思えますが、横井さんはご自分をどちらだと思いますか？」

即答だった。「ガキ大将ですね」。前者の研究者タイプは、日本の戦後のもの作りを支えてきた人たちである。会社に夜遅くまで残り、ひとつの技術を追い込んでいく。現代の職人たちだ。一方で、後者のガキ大将タイプは、現在の任天堂やソニー・コンピュータエンタテインメントといったゲーム関係の企業人、米国のアップルやグーグルといったＩＴ企業人、あるいはビートルズやＵ２といったロックアーティストたちだ。横井は明らかにこちらに属した人間だったが、不幸なことにそのようなもの作りを当時の日本は要求していなかった。

しかし、幸福なことに任天堂だけが横井を欲していたのだ。

## 仕事をサボって作ったウルトラハンドが大ヒット

出勤しても、特にすることのない横井は、仕事をサボりだす。ある意味では、不良社員だっただろう。

しかも新人社員であるにもかかわらず、外車に乗って出勤していた。さすがに上司よりもいい車で出勤するのは気が引けたらしく、会社のそばにこっそりと駐車して、さも歩いて出勤してきたかのように装っていたという。

横井の仕事のサボり方とは、上司の目を盗んで、自分の好きなもの作りをして、それを同僚たちに見せて自慢することだった。入社当時の横井の遊び道具は、後に「ウルトラハンド」として商品化されるものだった。

**ウルトラハンドは、中学の頃、模型屋で売っている角材をつなぎ合わせたのが始まり。伸びたり縮んだりするというのが面白くて、自分で作って遊んでいたわけです。**

ウルトラハンドは、1967年に大ヒット商品となった玩具なので、説明しなくても読者の方はおわかりだろう。

機構としては実に単純だ。蛇腹に組んだ骨組みの先に吸盤が取りつけてあり、手元のハンドルを絞り込んでいくと、全体が伸びて遠くに届く。そのまま、ものをつかんで、ハンドルを開くと、今度は全体が縮むというものだ。要するに、遠くにあるものをものぐさ感覚で取ることができるというものだ。

まったく仕事とは関係のないことをしていたわけだが、これを山内溥社長（当時）が目をつけたことから、横井の運命と任天堂の運命は大きく転換する。

**こんな単純なものは、旋盤があれば簡単にできてしまうので、会社で作って遊んでたんですよ。そうしたら、それを社長が見て、商品化しろと言われました。社長が、社員が遊んで**

**いるものを見て「商品化しろ」なんて言ったのは、初めてのことでしてね。呼び出されたときは、もうすっかり怒られるんだと思ってました。**

こうして、ウルトラハンドの商品化作業が動き出して、大ヒット商品となるのだが、順調に商品化が進んだわけではない。数々の課題が降りかかり、失敗の連続だった。いきなり設備の保守点検要員から、社長直属の開発者に抜擢《ばってき》されても、しばらくは多くのことを学ばなければならなかった。

## 商品化するならゲームにしろ

**そのとき、社長から「任天堂はゲームメーカーなのだから、ゲームにしろ」と言われたんですよ。あんなもんゲームにならないですよ。ただ、伸びて縮むだけなんですから。これをゲームにするにはどうしたらいいだろうかと、ずいぶん悩みました。**

横井自身も、後々まで「ゲームにしろ」といった社長の真意を測りかねているようだった。ウルトラハンドの玩具としてのポイントは、ものを取るときに全体がぐっと伸びるというアクションと、ものぐさ感覚で遠くのものが取れるという面白さにあった。結局、横井は遠くの円柱の上に置いてあるボールを移し替えるというゲーム性を加味したが、ウルトラハンドに熱中した子供たちは、そのようなゲームには目もくれなかった。横井の最初の着想どおりに、機構の面白さを感じ取ってくれたのだ。

しかし、この山内の「ゲームにしろ」という言葉は重要だった。ゲームが取り扱い説明書の役割をしてくれるからだ。購入した子供たちは、まずは付属のボールを使って、一通りウルトラハンドが用意しているゲームをしてみるだろう。そこで、ウルトラハンドの面白さや扱いを自然と学ぶことになる。学んでしまえば、子供たちは、ウルトラハンドを自由に使い始める。遠くにある野球のグローブを取ってみたり、犬の餌を先につけて犬をからかってみたり、自由な発想で遊び始める。それも「ゲーム」でウルトラハンドの使い方を覚えたからこそなのだ。「こう使って遊んだ方がもっと面白い」と子供は考える。

「ゲームにしろ」という山内の言葉は、今から振り返れば納得ができる。当時の任天堂の主力製品のひとつはディズニートランプだった。プラスティック製トランプで破れにくく、子供たちが大好きなディズニーキャラクターの絵がついている。これがヒット商品となるが、実はこの商品にはあまり知られていないもうひとつのポイントがある。それは、トランプゲームの遊び方を解説した小冊子が入っていることだった。内容は「絵合わせ」や「ページワン」といった子供向けのトランプゲームをごく簡単に解説したものだったが、これが大きかった。

当時、トランプというのは花札と同じように、博打《ばくち》に使われるものというイメージが強く、子供の遊ぶものではなかった。任天堂のトランプが子供でも遊べるようなゲームを紹介することによって、子供たちの間にトランプゲームが広まった。山内の頭の中には、ただの玩具では他社と差別化ができない、遊び方も同梱《どうこん》する、つまりゲームにすることで、同じトランプが売れ、新しい購買層を開拓できるという感覚があったのだろう。

## 幻の第2作、ドライブゲーム

この後、横井はウルトラマシンというヒット玩具を生み出すことになるが、玩具開発者としての横井は、まだまだ学ぶことが必要だった。

横井は、任天堂大卒社員の第1号だった（横井の記憶による。実際は横井が第1号というわけではなかったようだが、職人中心の任天堂に大卒社員は珍しかった）。そのため、ウルトラハンドがヒットしたことにより「さすが大学出の人は違う」と一目置かれるようになってしまう。

**自分の実力以上に評価されてしまったことで、その期待を裏切らないよう、それからは必死で猛勉強しました。**

横井の第2作は、ウルトラマシンということになっているが、実は、軍平ファンの間で「幻の第2作」と呼ばれている玩具がある。これが実に謎に満ちた玩具だ。なにしろ、横井本人が作っていたことをすっかり忘れていて、『横井軍平ゲーム館』のインタビュー中に突然思い出したのだ。この玩具は「ドライブゲーム」という。当時、デパートの屋上にあったドライブゲームを家庭用にしたものだ。道路がベルトコンベア方式で無限に出てきて、ハンドルを操作してミニカーを道路の中でうまく走らせるというものだ。

横井の話によると、機構に凝りすぎて量産化に大失敗したという。完成した商品を検査してみると、不良品が続出。最後には横井本人が生産ラインの中に入って組み立て作業を手伝ったという。横井はこの仕事で、「いいアイディアの玩具であっても量産化ができなければ意味がない」ということを学んだという。

この話を聞いてから、だいぶ後になって、私は「ドライブゲーム」の実物に触れる機会に恵まれた。任天堂コレクターの山崎功《やまざきいさお》氏が所有していたもので、実際に遊んでもかまわないというので、触らせてもらったり、中をのぞかせてもらったりした。触った瞬間に思ったことは「横井らしくない玩具だ」ということだ。

車の左右の端に2本のワイヤーが取りつけてある。地面がベルトコンベア式で後方に流れていくので、車はワイヤーに吊《つ》り下げられているような形になる。ワイヤーを吊り下げている金具は、やじろべえのような形をしており、ハンドルを回すと、この金具が傾き、車を左右に移動させる。地面は紙でできており、道の真ん中には大きめのホチキス針がとめてある。車の下に電気的な接点がつけてあり、このホチキス針に触れると得点が増えていく仕組みだ。巧妙といえば巧妙な仕掛けだが、横井流の「だれも思いつかなかった単純な仕掛けで、機能を実現する」というさわやかさが感じられない。

山崎氏によると、横井の第2作として位置づけるには不可解なことが多いという。

実をいうと、ウルトラハンドは多くの資料で1966年発売となっていて、横井自身も「1966年」と言っていたが、任天堂の会社案内や玩具業界の業界紙「玩具通信」の資料では、発売は1967年ということになっている。一方で、「玩具通信」の資料によると、このドライブゲームの発売は1966年になっている。つまり、横井のデビュー作は「ドライブゲーム」というのが正しいのだ。

横井はインタビューでは「デパートの屋上にあるドライブゲームを家庭用にできないかと思って考案した」という言い方をしていたが、アイディアそのものは自分で考案したのではなく、社命として命じられたとも言っていた。横井が自分で考案した玩具を忘れることなど考えられないので、おそらくはそうなのだろう。

ここからは私の推測だが、おそらくこういうことだったのではないかと思う。このドライブゲームは、パッケージのデザインが非常にバタ臭く、輸入ゲームのように見える。たぶん、海外の玩具会社か海外向けの玩具を作っている会社から、企画が任天堂に持ち込まれたものではないだろうか。

当時の任天堂はようやく玩具を作り始めていた頃だ。1964年の「ラビットコースター」はちょっとしたヒット商品となっていた。これは坂になったレールを小さな楕円《だえん》形のコマが転がりながら下っていくという単純な玩具だった。昔からある伝統的な子供の遊びである「豆転がし」「俵転がし」をプラスティック製品に仕上げただけのものともいえる。

そこに、横井という電子工学科卒の新人が入社してきた。電気的な仕掛けのある玩具でも、横井にやらせればなんとかなるのではないかという話になったのではないだろうか。しかし、横井の興味は面白いアイディアを考えることにあったので、ただ複雑なだけの玩具にあまり強い興味をもてなかったに違いない。糊の攪拌機の改良などと同じ、仕事のひとつでしかなかっただろう。しかし、社命なのだから玩具は開発した。それだけのことで、横井の記憶の中では薄れてしまっていた。そして、その後、ウルトラハンドが商品化される。それからの横井は、猛烈に忙しくなっていくから、横井自身の記憶も混乱してしまったに違いない。

つまり、どうも1965年入社、1966年ドライブゲーム開発、1967年ウルトラハンド開発というのが、正しい横井軍平黎明《れいめい》史であるようだ。

こう推測すると、さまざまなことが腑《ふ》に落ちてくるのだ。山内溥社長が、ウルトラハンドの原形を見て「ゲームにしろ」と告げたのは、山内が任天堂の主力製品を玩具からゲームへと転換しようとしていたからかもしれない。実際、山内は任天堂をどうするか、実業家としての自分がどうやって身を立てていくか悩んでいた。山内は花札製造の任天堂を継いで、ディズニートランプをヒットさせる。これはただのトランプではなく、取り扱い説明書でゲームのルールを紹介するなど「ゲーム用品」としての性格が強い。しかし、それ以降、任天堂にはヒット商品が出ずに、相変わらず主力製品は花札とトランプという状態だった。

そこで、山内は任天堂以外にもさまざまな事業に手を出す。サンオー食品という食品会社を設立し、ふりかけを製造する。トランプで版権を取得したディズニーキャラクターをパッケージにあしらった「ディズニーフリッカー」という商品だった。さらに、ポパイをあしらったインスタントラーメン「ポパイラーメン」なども製造。続けて「インスタントライス」も製造した。現在のカップ麺《めん》のようにお湯を入れると、３分でピラフができあがるというものだったが、米粒が麩菓子《ふがし》のような食感で、まずくて食べられず、大失敗となる。一方で、低価格のベビーカー「ママベリカ」、低価格の家庭用コピー機「コピラス」なども発売した。この頃の山内の頭には「ゲーム」と「実用品」という大きな柱があったようだ。

また、山内はタクシー会社「ダイヤタクシー」を設立したり、文房具のビジネスに手を出したり、果てはラブホテルを経営してみたりと、なかなか腰が任天堂に据わらなかった。いずれにしても、山内は「花札とトランプだけでは、いずれ経営は行き詰まる」という思いにかられていたのだろう。実用品、ゲーム、インスタント食品、タクシー業、ホテル業とさまざまな方向に触手を伸ばしながら、ビジネスの鉱脈を手探りしていたに違いない。

そんなある日、運命の発見をするのだ。灯台下暗し。ホームグラウンドである任天堂に、横井軍平という鉱脈があったのだ。

## たった一人の開発部から生まれたウルトラマシン

ウルトラハンドの成功によって、横井は山内直属の開発部に配属となる。といっても、当時の任天堂に開発部などはなかった。実質、横井一人の新設部署である。開発マンである横井は金勘定が苦手だろうということで、先輩社員で経理部にいた今西紘史《いまにしひろし》が経理担当として開発部に回された。

余談だが、今西はその後、横井と長いつきあいとなり、今でも命日には、朝方に横井の墓参りをしてから出社しているという。後に「こわもてのスポークスマン」として、マスコミ人の間では有名な人物になる。任天堂はなかなか取材に応じてくれず、いい加減な理由で取材申し込みをすると、理論立てて反論されてしまう。任天堂の広報の空気は今西が作り上げたといってても過言ではない。現在でも、任天堂はなかなか取材に応じてくれないが、丁寧にきちんと断ってくる企業として知られている。

横井と今西の二人でスタートした開発部だったが、横井はかなりのプレッシャーを感じたという。ウルトラハンドは「自分が前々から面白いと思っていた」玩具を、たまたま山内が発見して成功した。しかし、これからは意識して他人が面白いと思う玩具を考え出していかなければならない。

ウルトラハンドは、言い方が不適切かもしれないが、目をつぶってバットを振ったら、ボールの方から当たってくれたもうけものの二塁打だった。しかし、これからは毎打席出塁することを求められるし、数打席に一度は本塁打を打たなくてはならない。そこで、横井は、自分ではなく、他人が面白がっていたことを、自分の記憶と体験の中から探そうと考えた。

**ウルトラハンドは自分の遊びで作ったものを商品化したんですけど、ウルトラマシンは初めから商品化する目的で作ったものです。ウルトラマシンを作ったときは、実は私は野球のやの字も知らなくて、むしろ野球が嫌いだったんです。中学、高校のときに金持ちの悪友がいまして、おもちゃは何でも買ってもらえる奴がいた。ところがいつ行っても、彼は人にピンポン玉を投げさせて、それを竹の物差しで打つ。こんなのがなんで面白いんだ、いっぱいおもちゃを持っているのにと、すごく印象に残りました。**

1968年に発売されたウルトラマシンは、ミニサイズのピッチングマシンだった。ボールはピンポン玉で、ビニール製のバットがついていた。部屋の中でバッティングができるという玩具だった。

「ウルトラマシン」には、2種類のバージョンがある。初期型は本体が組み立て式になっていて、パッケージを開けた後で、ふたつに分かれている本体を合わせてねじどめしなければならない。子供にとってはけっこう複雑な作業で、親の手を借りた子供も多かったに違いない。一方で、後期型は本体が一体化されており、パッケージから取りだせば、すぐに遊べるようになっている。

バットは初期型、後期型とも同じだが、ロッドアンテナのように伸び縮みする仕掛けになっていた。この仕掛けが子供たちには受けた。縮んでいるバットを腰の横に持ち、侍が刀を抜くようにバットを伸ばし、ウルトラマシンで遊ぶのだ。友だちの家のウルトラマシンで遊ぶときも、バットだけは自分で持っていく少年が多かった。しかし、これは横井によると、遊びの演出ではなかったという。

**長いままのバットだと、パッケージが大きくなってしまって、「運送のときに空気を運ぶことになって無駄が出る」とずいぶん言われましてね。それを気にして、本体も組み立て式にして、なおかつ素人が簡単に組み立てられる形式にする。こういう課題がすごく重荷だったですね。そんなこと今までやったことも考えたこともなかったですから。**

ウルトラハンドの成功で、横井はたった一人の開発部員となったが、実際は社長直属の部署であり、特命部といってもいいポジションだった。社内では特別扱いの存在となったが、ドライブゲーム、ウルトラマシンでは、横井は「量産化」「商品化」という点で苦しんでいる。当時の任天堂には、若い横井に開発の基本を教えられる人材は皆無で、横井は一人で苦しみながら、仕事を覚えていくしかなかったようだ。

横井は人前で自慢めいたことを口にするのを嫌っていて、いつも「私みたいな落ちこぼれが……」という話の切り出し方をする人だが、この時代についてだけは「懸命に勉強した」と言い切っていた。どんな勉強をしたのかと質問しても「大学時代サボりにサボっていたので、教科書を勉強し直した」という答えしか返ってこなかったが、実は大学では教えてくれない量産化、商品化のノウハウという開発マンに必須の知識を、自分で学び取っていたのではないだろうか。

しかしそんな生活に横井は充実を感じていた。

**あの頃は会社にいくのが楽しくて楽しくて。だって、大好きなもの作りを好きなだけやらせてくれて、材料費も出してくれて、その上給料までくれると言うんですから。休みの日に家にいても、会社に行きたくて行きたくて、かえってストレスがたまってしまうんですよ。**

横井の社会的地位もあがりつつあった。ウルトラマシンのパッケージには、巨人《きょじん》軍の王貞治《おうさだはる》、長嶋茂雄《ながしましげお》、阪神《はんしん》の田淵幸一《たぶちこういち》、掛布雅之《かけふまさゆき》といった当時のスター野球選手の姿が描かれている。その関係で、横井は長嶋茂雄と会う機会に恵まれ、それ以降、長いつきあいが始まる。年に数度はいっしょにゴルフを楽しみ、横井も長嶋茂雄と会える日を心待ちにしていた。

もちろん経済的にも恵まれ始めた。こんなことを私に語ってくれたことがある。

「任天堂で他の社員がいくらもらっているかなんて、知らないいし、特に知りたいとも思いませんでした。自分がもらっている給料も『まあ、こんなものか』と思っていました。でも、あるとき、他の社員がいくらもらっているのかを知ることがあって、びっくりしました。自分だけ他の人よりかなり多い給料をもらっていたんです。あるとき、週刊誌に『日本一高給取りのサラリーマン』として紹介されたこともあります」

以前から、この週刊誌の記事を探してはいるが、未《いま》だに見つからない。日本一かどうかは別としても、かなりの高給取りになったことは間違いない。

横井は若い頃から自分のもの作りの才能に自負をもっていたはずだ。しかし、その才能は世の中のだれも必要としていないものだとも思いこんでいた。横井は仕事の世界で生きることをあっさりとあきらめ、遊びの世界で生きるつもりで任天堂に〝拾ってもらった〟。それが山内の目によって、自分の才能が世の中で必要とされているものであり、しかも大きな富を生み出すものであることを知らされた。任天堂の中でも一目置かれる存在となり、経済的にも豊かになり、さらには有名人との社交も始まる。

横井の人生にとって、もっとも幸せな時期だったに違いない。

## ちょっとエッチなグンペイさん

横井の気持ちに余裕が生まれたためだろうか、第3作以降は、自分が欲しいと思うものを商品化する方向に向かう。ウルトラハンドは単に機構が面白いと感じたもの、ウルトラマシンは学生時代の友人が面白いと思っていたものを商品化した。しかし、ウルトラ3部作の最終製品である「ウルトラスコープ」、そして伝説の玩具となっている「ラブテスター」、さらに時代に先駆けたリズムボックス玩具「エレコンガ」は「自分が欲しいと思うもの」の商品化だった。

これは微妙な言い回しになるが、横井ファンの間では「ちょっとエッチなグンペイさん」という言い方がある（ほんとうはもっと直接的な言い回しなのだが、じゃっかん下品な言葉遣いなので柔らかく表現してみた）。ウルトラスコープとラブテスターは、大人の色気がある玩具なのだ。

横井は基本的に自慢を嫌う奥ゆかしくてシャイな性格だが、若い頃女性にもてたという話だけは、おそらくかなりの誇張も入れて楽しげに語る。それも、聞いている方がほら話だとわかるところまで誇張を入れるのだ。横井は端整な顔立ちで、歩く姿勢は美しく、さらにウィットに富んだ会話も得意だったため、横井に憧《あこが》れる女性は多かったことだろう。しかし、横井の大《おお》風呂敷《ぶろしき》を広げたような話ほどもてたとは思えない。

横井は学生時代から社交ダンスを習っていた。そこで、もててもてて困ったというのだ。

ダンスというのは、女性とパートナーを組むでしょう。相手は当然結婚したいという意思を持って組むんですけど、私はそんなつもりないですからねえ。そのパートナーが一人じゃないんですから、もう、困った。私がダンスをやめたのは、それが原因です。もてすぎてやめた（笑）。もの作りを始めると、女の子がデートに誘いに来てもみんな断った。黙々と夜中まで、もの作りに熱中していました。でも、女の子というのは面白くてね。デートを断られると、よけい誘いたくなるんですね（笑）。それでまたもててしまって（笑）。

楽しい話だ。横井が恋愛方面を語ると、不思議なほど嫌らしさが消えてしまい、上質のジョークを聞いているかのような気分になるのだ。

ただし、ダンスでもてた話は、横井の創作であるということが判明した。奥様とは社交ダンスを通じて知りあったのだ。奥様と結婚することになり、ダンスをやめたに違いない。横井の恋愛話に嫌らしさがまったくないのは、本質的に誠実な人だからなのだと思う。この横井の感覚が存分に発揮されたのが、ウルトラスコープとラブテスターだ。

**のぞきをスマートにする!?　ウルトラスコープ**

横井の第3作、ウルトラ3部作の最終製品、「ウルトラスコープ」は1971年に発売された。ミラー式の潜望鏡で、塀の向こう側をのぞけるという玩具だった。

**子供のときは、だれでものぞきが大好きですね。板塀に穴が空いているとのぞいてみたくなる。塀の上に顔が出せそうだとのぞいてみたくなる。こののぞきをスマートにやるにはどうしたらいいかということを考えていたときに、テレビのゴルフ中継を見ました。**

「のぞきをスマートにやる」というのは、つい笑ってしまいたくなる表現だが、いかにも横井らしい。ゴルフ観戦などで、ギャラリーの後ろから見るときに使われるミラー式の潜望鏡にヒントを得て、ウルトラスコープが誕生した。ウルトラスコープはウルトラハンドやウルトラマシンほど売れなかったが、話題にはなった。横井流の演出が子供たちの心をつかんだからだ。

ウルトラスコープは電池駆動で、スイッチを入れるとミラー部分が1メートルほど伸びていく。使い終わったときも、電動でミラー部分が縮んでいく。このとき、角度のついたミラーが折り畳まれて収納されていく様子は、メカ好きな男の子であればついつい見とれてしまう。このようなミラーの展開や収納は、なにも電動にする必要はない。しかし、そこにメカニカルな動きを演出として入れるのが横井流だ。

ただし、この動きは機械音がけっこう大きく、もし、ウルトラスコープを実際ののぞきに使ったとしたら、その騒音でのぞいているのがすぐにばれてしまうだろう。まさか、この音の大きさまで横井が計算していたとは思えないが、横井の「のぞきのためのウルトラスコープ」を使って、実際にのぞきをしようなどと考える子供は少なかったに違いない。玩具が「そういう玩具ではない」と語っているのだ。多くの子供たちは、空き地に秘密基地を作ったり、スパイごっこをするときに、敵を偵察するための道具として使った。

## 公然と女の子の手を握る道具、ラブテスター

ウルトラスコープの少し前の1969年に、横井は、今では伝説となっている玩具「ラブテスター」を開発する。この玩具は、今になっても大人の心を捕らえてはなさない。形はだいぶ違うが、任天堂のライセンスを受けて、タイトーが、クレーンゲームなどの景品用として現在も製造している。また、任天堂の後のゲーム「まわるメイドインワリオ」「ピクミン2」にもラブテスターがモチーフとして使われている。

ラブテスターは愛情測定器だ。男女（同性同士でもかまわないが）が、それぞれラブテスターの端子を手に握り、もう片方の手で握手をする。すると、メーターが振れ、愛情度が測定できる。横井によると「公然と女の子の手を握るための道具」なのだ。

**たまたま、テスターの抵抗レンジで遊んでいると、どうも人間のからだを電気が流れているらしい。これを女の子の手を握る手段として使えないか、というのがラブテスターの発想です。トランジスタ1石と安く買ってきた検流計をくっつけて、単位なんかも愛情テストだ**

**から1ラブ、2ラブとか、実にいい加減なものでした。**

「実にいい加減なもの」だったからこそ受けた。もし、大真面目に愛情度を正確に測定する機械として追求していたら、ここまで時代を超えた玩具にはならなかっただろう。測定値はあくまでもいい加減で「公然と女の子の手を握る」という横井の狙いが伝わったからこそ、現在でも語り継がれる玩具になったのだ。

しかし、このラブテスターは発売当時、売り上げ面では苦戦することになる。

**聞いた話ですけど、中学生なんかが買いに来るときは、ビニ本を買うような状態だったということですね。今だったらなんでもないことなんでしょうけど。**

パッケージもそれまでの玩具とは一線を画していた。高級そうな黒地に銀ラメがちりばめられたパッケージで、商品名の表記もカタカナではなく「Electoronic Love Tester for Young Ladies and Men」という英語表記だ。さらに、専用のレザーバッグまでついている。パッケージの評価は人によってさまざまで、上品で高級そうな仕上がりと評価する人も多いが、その高級さは服飾品や宝石類の高級さではなく、明らかに男性向けの時計や喫煙具の高級さだ。まかり間違えば、アダルトショップに置かれていても違和感のないデザインになっている。中学生や高校生が買うのは勇気がいっただろうし、小学生が買ってきたら、問題にする親も当時はいたことだろう。明らかに子供の玩具ではなく、大人の玩具なのだ。さらには、パンフレットには「キスをすると、さらに愛情度が高く表示されます」などという表記もあった。この件については、面白いエピソードを横井から聞いた。

横井の上司がラブテスターを持って、仕事中に外出をした。しばらくすると、その上司が外から横井に電話をしてきて「おい。キスをしても針の振れが変わらないぞ。どうなっているんだ」と真剣に怒ったというのだ。開発部では「あの人は、仕事中にどこでなにをしているんだ」と大笑いになったという。賢明な読者のみなさんは、この上司がだれのことであるか、すでにおわかりのはずだ。横井の上司は一人しかいなかったのだから。

## 時代を先駆けたリズムボックス玩具、エレコンガ

横井の趣味がもっとも色濃く出た玩具が、「エレコンガ」だろう。1970年に発売された玩具で、横井の開発した玩具の中では、あまり売れ行きがかんばしくないものとなった。あまりに趣味色が強すぎたのだ。これはコンガの形をした玩具で、上部に5つの鍵盤《けんばん》がついている。この鍵盤を押すと、それぞれに打楽器の電子音がするというものだった。横井自身も、音楽を玩具化するのは難しいと感じていたが、どこまで売れるのか市場を見極めたい気持ちがあったという。

しかし、横井は開発中に、失敗を自覚する。

**これで失敗したのは、ピアノが弾けなかったらぜんぜん演奏できないんですね。ちゃんとしたリズムを演奏しようと思ったら、5本の指をフルに使わなければならない。ピアノを弾ける私はいいけど、他の人は弾けないということがわかった。これはまずいな、誰でも弾けるようにしなければならない。**

横井はピアノが上手《うま》かった。リチャード・クレイダーマンが好みで、少し練習するだけですぐにコピーして弾けるようになったという。横井自身も「身体の動きを模倣するのは得意なんです」と言っていた。だから、横井はゴルフも上手かったという。ゴルフはきちんとしたフォームで打てば、球は真っ直ぐ飛ぶので、スコアも崩れることはない。社交ダンスも上手かった。上手な人の身体の動かし方を見て、それをすぐ自分の身体で再現することができるのだ。横井がもの作りに熱中したこととと無関係ではないだろう。もの作りの基本はねじ回しを使うことだ。しかし、このねじを回すということは意外に難しい。きちんとねじの軸方向に適切な量の力を入れて回さないと、すぐにねじ頭の溝が削れてしまうのだ。その他、ハンダごてを使う、紙やすりをかけるということも、簡単なようでコツがある。使う道具の特性を考えて、うまく手先を使って、その道具の特性を活かす使い方をしなければ仕上がりが汚くなるのだ。

横井は、ピアノが弾けない人のために、自動演奏する仕組みを後から付け加えた。紙の円盤にパンチで穴を開け、自動演奏する仕組みを取りつけたのだ。これはピアノが弾けない人のための苦肉の策だったが、それがかえって、最近になって評価されるポイントとなった。世界初かどうかはわからないが、現在のリズムボックスの先駆的な玩具となったのだ。横井の玩具の中では、あまり目立たないが、音楽好きの人の中には、今でもオークションで「エレコンガ」を探し求めている人がいる。

## 「枯れた技術の水平思考」の誕生

ラブテスターに話を戻そう。ラブテスターには、横井を語る上ではずせない概念が含まれている。それは「枯れた技術の水平思考」という言葉だ。

横井はマスコミに出たがらないうえに、任天堂は一人の開発者に世間の注目が集まるのを嫌った。製品は多くの人が関わって作るもので、一人の功績として扱われたくはないからだ。そのため、横井軍平の名は、その功績のわりに世間ではあまり知られていない。しかし、「枯れた技術の水平思考」という言葉は、意外に多くの人が知っている。開発や商品企画を考えるときには重要な概念だからだ。

たとえば、ラブテスターの正体は、近所の電器屋で売っている検流計にすぎない。検流計などというのは当時でも安い製品だった。なぜ安いかといえば、古い技術のものでじゅうぶん役に立ち、大量に出回っているので安く作れる。これを検流計として販売したのでは、安い価格でしか売れない。しかし、その使い道を変える発想をすれば、別のものとなり、付加価値のついた商品が開発できる。つまり、最先端ではない「枯れた技術」を「水平思考」することにより、付加価値の非常に高い商品がつくれるというわけだ。

これを「ヒット商品はアイディア次第」などという単純な解釈をしてはならない。横井の「枯れた技術の水平思考」は、自身が技術者としてサバイバルする処世訓でもあるのだ。横井は、最先端技術を駆使する技術者に明らかな敵愾心《てきがいしん》をもっていた。ひとつは、横井自身が最先端技術を駆使する技術者でなかったことがある。玩具の世界では最先端技術は必要とされていないし、横井自身も興味は薄かったと思う。難しい最先端技術を使うより、ありふれた技術をうまく使いこなして「そんな使い道があったのか」と周囲を驚かすことに喜びを感じていた。

最先端技術者に敵愾心を持っていたということは、裏返せばその存在を認めていたことでもある。最先端技術とは縁のない横井は、生きる道を「最先端技術ではなく、枯れた技術」に求めるのでなければ、最先端技術者の中に埋もれてしまう。自分の技術者としての立ち位置をどこに求めるか、その結論が「枯れた技術の水平思考」なのだ。

最先端技術者のことを語るときの横井は手厳しい。

**技術者というのは自分の技術をひけらかしたいものですから、すごい最先端技術を使うと**

**いうことを夢に描いてしまいます。それは商品作りにおいて大きな間違いとなる。売れない商品、高い商品ができてしまう。**

そして、自分の商品作りは、最先端技術が普及をして、枯れてきたところにあるという。

**私がいつも言うのは、「その技術が枯れるのを待つ」ということです。つまり、技術が普及すると、どんどん値段が下がってきます。そこが狙い目です。**

このラブテスターは「枯れた技術の水平思考」を体現した最初の製品となった。その意味では、横井の開発者人生は新しい局面を迎えることになる。そして、この「枯れた技術の水平思考」の発想で、再び新たな鉱脈を掘り当てることになるのだ。

# 第3章　逆転の発想が生んだ光線銃

## 豆電球と太陽電池で作った光線銃

横井は以前から銃に強い興味をもっていた。学生時代にもモリ打ち銃などを作って、魚とりを楽しんだりしていた。あるとき科学雑誌を開くと、CDSという光センサーを使った光線銃の作り方が紹介されていた。さっそく試作してみたが、あまり芳しくなかった。この光センサーは反応が鈍く、明るい部屋では強い光でないと反応しないのだ。

ところが、そんな折、シャープが太陽電池の開発を始めたところで、任天堂にもなにか使ってくれないかと営業にきた。横井は太陽電池本来の用途、つまり光で発電をするという使い方にはまったく興味を示さなかった。しかし、光を受けると発電する、つまり光を受けると電流を流してくれるのだから、光センサーと同じことではないかと横井が気づいたあたりから、光線銃の話が本格化する。

ちなみにこのときのシャープ側の技術者が上村雅之《うえむらまさゆき》だった。上村は当時、シャープでセンサーの開発をおこなっていたが、横井と知りあい、光線銃用太陽電池の開発をおこなうことになり、その後、任天堂に転職する。上村入社後の任天堂開発部は、横井の開発一部と上村の開発二部に分かれ、互いに激しいライバル意識を持ちながら競争することになる。上村は、移籍の12年後にファミリーコンピュータの商品化に成功。任天堂の屋台骨を支える大ヒット商品を生み出すことになる。

もちろん、横井は強いライバル意識を持っただろう。「ファミコンにはできない遊びを」と、横井も負けじとヒット商品を生み出すことになるが、それはまだだいぶ先の話で、この光線銃を開発している頃は、横井と上村は互いの発想や仕事ぶりを尊敬し合い、楽しく仕事をしていたことだろう。

シャープが提供してきた太陽電池は、明るいところでも弱い光に反応するため、光線銃のセンサーとしては最適だった。しかし、問題は太陽電池は最先端のデバイスであったために、5ミリ角程度の大きさのものでも500円という破格の値段だったことだ。しかし、横井はあきらめなかった。「なぜ、そんなに高くなるか」ということをしつこくシャープ側に聞いたのだ。すると、太陽電池そのものの製造コストではなく、電極をハンダ付けする技術が難しく、その工賃が高いということがわかってきた。

横井は、そこでハンダ付けしなくていい方法をシャープとともに開発する。要は、乾電池を入れるケースのように、プラスとマイナスの電極で太陽電池を挟みこんでやる方式だ。サンドイッチを作るように、電極・太陽電池・電極と置いていけばできあがる工夫をした。これで工賃が不要となり、500円だったものが150円程度まで下がったという。そして的側には太陽電池を使い、発光する銃側には懐中電灯の電球を使った。

太陽電池は当時最先端のデバイスで、シャープも作ってはみたものの、どのような用途があるのか手探りをしているような時代だった。しかし、任天堂の光線銃の大ヒットで、太陽電池が大量に売れ、その後、電卓用の太陽電池でさらに需要が増し、シャープの太陽電池事業は軌道に乗ったといわれる。太陽電池は「枯れた技術」ではないが、「水平思考」をすることで、発電以外の用途を見いだした。そして、電極の取り付けを工夫することで価格を下げ、無理やり「枯れた技術」にしてしまうという力業でもあった。

横井の狙いは「狙った通りに当たる銃」だった。玩具《がんぐ》銃は、男の子の定番玩具ではあったが、一般に使われていたのは、いわゆる銀玉鉄砲と呼ばれるもので、石膏《せっこう》を固めて銀色に着色した弾をバネで飛ばすものだった。安全性を考えてのことだが、威力は弱く、狙った通りには当たらない。屋外では風に流されるし、重力に負けて放物線を描いて落ちてしまう。銀玉鉄砲は狙って撃つのではなく、チャンバラごっこの延長線上として遊ぶのが普通だった。また、エアガンなども出始めてはいたが、子供のお小遣いで買える玩具ではなく、エアガンも照準で狙った通りに当たるわけではない。風向きや距離などを考慮に入れた微調整が必要だった。しかし、光線銃は風の影響や重力の影響を受けずに、まっすぐ飛ぶ。照準で狙った通りに当たるという面白さがあるのだ。

**光線銃の試作品ができあがったときに、社長に見せたんです。社長というのは鉄砲のテの字も知らない人で、撃ってもまったく当たらないんですよ。それで社長に「鉄砲というのは、照門と照星があって、これを合わせて狙うんですよ」と教えたら当たったたんですね。そのと**

**き社長がものすごく嬉《うれ》しそうな顔しましてねえ。お客さんがくるたびに「おい、あの鉄砲もってこい」って。それ見てて、これは売れるんじゃないかと思いましたね。当時の玩具としては破格の高価なものでしたけど。**

この光線銃は、ウルトラシリーズを上回る大ヒットとなり、さまざまなバリエーションを生み出す。「光線銃ＳＰ」としては、銃がガンとライフルの2種類。的も6種類発売された。よく知られているのは、ライオンの顔の壁掛けで、眉間《みけん》に当たるとライオンが吠《ほ》えるというもの。また、ボトル型の的は当たるとボトルが割れるというものだ。さらに、ルーレットやポーカーというゲーム性が加味された的もある。大ヒットの光線銃シリーズとしては売れ行きが今ひとつだったらしいが、絵画の中に動物や鳥が隠れていて、それを狙う「サファリ」「バード」といった的もあった。

後に、カメラ用のストロボの価格が下がってきたので、横井はこれを利用して「光線銃カスタム」を商品化する。ＳＰは懐中電灯の電球が光源だったが、カスタムはストロボなので光線が強力で、昼間でも１００メートルから２００メートル先の的まで当てることができた。カスタムもガンとライフル、そして的を3種類発売する。しかし、ＳＰシリーズに比べると売れ行きはだいぶ少なくなった。明らかに玩具の域を超えていたし、なにより高すぎた。ガンが２５００円、ライフルが1万６８００円もした。的も７８００円もする。さらに、１００メートル先の的を見るためのスコープは別売りで、3800円した。大卒初任給が9万円の時代である。

特に驚くのはライフルだ。当時としては玩具の価格を超えた高価な商品だったことも驚きだが、実際に持ってみると、ずしりと重い。4、5歳の子供では持ったらふらついてしまうほどの重みがあり、大人にもその重量感は玩具らしくない印象を与える。見た目も非常に精巧にできており、本物のライフルと見分けがつかない。

今もし、このライフルを持って街中を歩いたとしたら、間違いなく大騒動になるだろう。銀行などに入っていったら、通報されることは間違いない。

横井は当時、車にこのライフルを積んでドライブにでかけたという。それもトランクに入れるのではなく、助手席や後部座席に裸で置いておいたのだ。そして、警官を見かけると、わざと警官の目に留まるように、ライフルをチラチラと見せたりするのだという。今の時代であれば、度を越したいたずらだが、当時は普通の人には銃そのものが縁遠く、映画の中でしか見かけないものだった。血相を変えて飛んできた警官に、横井は「これはおもちゃですよ」と満面の笑みで説明したかったのだろう。しかし残念なことに、警官は光線銃を発見してくれず、横井のいたずらは不発に終わったという。

横井の銃に対する愛着は強かった。といっても、銃そのものというよりは銃が使われる世界に対する憧《あこが》れだったのだろう。映画の西部劇は横井の大好きなもののひとつだった。それが太陽電池を得たことで、自分の欲しかった銃を手に入れることができた。太陽電池は、光線銃の大ヒットで量産態勢が整い、価格が大きく下がった。「枯れた技術」ではなく、「自分で枯らした技術」になったのだ。横井は、これ以降、太陽電池と銃という2本の柱を使って、玩具を量産していく。

その中でも、なんと、１９７１年に発売した「光線電話ＬＴ」は、知るひとぞ知る不思議たっぷりな玩具だ。なんと、光を使って電話ができるという実に先進的な玩具なのだ。ただし、2台セットで９８００円と高価であったことから、売れ行きとしては芳しくないものになってしまった。電話機はテレビカメラのような形をしていて、ヘッドフォンをかけて話をする仕組みになっている。実際に１００メートルから２００メートル離れていても通話ができる。

この光線電話は、光線銃のヒットに伴い大量生産された太陽電池の、余剰生産分を有効利用するために開発されたものだ。音声を電気信号に変え、その電気信号で懐中電灯の電球を明滅させる。受ける側では太陽電池で光を受け、これを電気信号に変換し音声に戻す。原理だけなら小学生でも理解できるが、それを玩具として商品化してしまうところに横井の発想の飛び抜けたところがある。実際に使ってみるとなんとも不思議な気になる玩具なのだ。

## 社運を賭けたレーザークレー

山内溥という経営者は本質的にギャンブラーだ。任天堂が急成長した秘密は、山内の「社運を賭《か》ける経営」にある。それがファミリーコンピュータでは図に当たった。当時、ファミコンと同様の玩具を発売したメーカーはいくつもあったが、社運を賭けるという潔さがあった分、ファミコンは性能、価格、ソフトの品揃えで他を圧倒していた。任天堂が安定した企業になるのはファミコン以降で、それ以前は社運を賭けて勝負に出て、失敗したら経営危機に直面するということを繰り返していた。

光線銃がヒットしたのを見て、山内は光線銃を使って勝負に出ることを考えた。光線銃を競技スポーツとして定着させようとしたのだ。山内は横井に「光線銃で競技ができるようにしろ」という命令を下した。山内のヒントになったのは、空気銃を使ったピストル競技だった。横井はさっそく空気銃競技をリサーチしてみるが、これを光線銃に変えたところで、さほど面白みはなかった。横井は、ショットガンを使ったクレー競技を光線銃にすることを提案する。

クレー射撃は、麻生《あそう》太郎《たろう》元首相が青年時代に楽しんでいたことでもわかるように、貴族的なスポーツだ。クレーと呼ばれる素焼きの皿を空中に投射し、それを散弾銃で狙うというもので、本来は鳩などの鳥を撃つハンティングをスポーツ化したものだ。ピストル競技は、あくまでも正確さを鍛えるために軍人や警察官が訓練の一環として行う色彩が強いが、クレー射撃にはエンターテインメント性がある。横井はさっそく山内のところを訪れ、クレー用散弾銃の社費での購入を交渉した。そして、実際に射撃場に行き、クレー射撃を体験してみて、どうすれば光線銃でクレー射撃が再現でき、なおかつ人を惹《ひ》きつけることができるかを探り始めた。

山内は山内で、壮大な事業計画を立て始めた。当時、ボウリングブームが熱が冷めたように去っていた時期で、跡地をどうするかが各地で大きな悩みの種になっていった。ボウリング場は、なににするにしても広すぎるのだ。かといって本格的な屋内スポーツ場にするには狭すぎる。ほとんどは卓球場やビリヤード場に転換していったが、採算の合う収益をあげられずにいた。

山内は、ここに光線銃によるクレー射撃＝「レーザークレー」を販売しようともくろんだ。その設備は大がかりなもので、今までの玩具とはわけが違う。山内は、任天堂レジャーシステムという子会社を設立して、横井をその子会社用の遊技施設の開発に当たらせる。横井はこの後、しばらく玩具の世界を離れ、屋内遊技施設の開発に携わることになる。

## 銃が光を受ける逆転の発想

横井が製品化に苦労したのは、クレー射撃には狙い越しというテクニックがあり、この感覚をどうやって再現するかという問題だった。

**クレー射撃というのはクレーが10メートルほど下から45度ほどの角度で飛びだすんですね。で、そのクレーを直接狙って撃つと外れてしまう。クレーが飛んでいるちょっと先を狙って撃つんですね。狙い越しというテクニックですけど。それを光線銃でどうやって再現するかという問題がある。プロがやれば、必ず狙い越しをします。自分でクレー射撃をやったとき**

**に、この遊びのポイントは狙い越しだと思いました。**

数十メートルから100メートルほど先を飛んでいるクレーを撃つのだから、散弾が到達するのにわずかだが時間がかかる。そのわずかな時間の間にもクレーは動いてしまうから、その分を見越して撃たなければならない。つまり、クレーを正直に狙って撃ったのでは当たらず、少し先を狙わなければならないのだ。レーザークレーは当然ながら、クレーを壁に光を当てて映し出す。光で描かれたクレーに太陽電池を組み込むことはできない。しかも、クレーの進む先に的がなければならないのだ。

そこで、横井は大胆な仕組みを考えだす。逆転の発想といってもいい。光線銃というと、銃が光を発し、それを的が感知して、当たりを判定するというのが、素直な考え方だ。しかし、横井は、この光線銃と的の関係を「銃と的」ではなく、通信機器だと考えた。光線銃が光信号を発信し、それを的が受信することで当たりという通信が成立する。だったら、逆に的が信号を出し、銃が受信して、なにが問題なのかと考えたのだ。もちろん、なんの問題もない。レーザークレーの銃は受信機で、的の光を感知して当たり判定をする。

実は、私自身も子供のときに、父に連れられていきレーザークレーで何度か遊んだことがある。そのとき、子供である私は銃口の中をのぞきたくなってしまった。どういった仕組みになっているかと知りたかったのだ。そのとき、父は顔色を変えて「危ない」といって銃を私からもぎとった。光線銃なのだから実弾が暴発するわけではないのだが、万が一引き金に触れてしまうと、これだけの大がかりな光線銃だからそうとう強い光が放たれ、視力に悪影響を与えるのではないかと心配したのだろう。私も、レーザークレーというくらいだから、うっかり引き金に触ったら、目がつぶれるほどの強い光線がでてくるものだとばかり思いこんでいて、冷や汗をかいた記憶が残っている。

しかし、私たち父子の心配は無用だったのだ。銃にはカメラが仕込まれていて、光を感じると当たり判定をする仕組みになっているだけだった。この受光銃にするという逆転の発想があったために、「狙い越し」が可能になった。

実は、的はふたつ映し出される。ひとつは光でクレーを表す的。もうひとつは人の目には見えない赤外線を使って、クレーの先に表示される。狙い越し用の的だ。壁に赤外線が投射されても人の目には何も見えないが、銃のカメラで見ると反射した赤外線を感じることができる。人の目に見えている光の的は、実はレーザークレーのシステム上、なんの働きもしていない。少し先を飛んでいる赤外線の的に当たったかどうかだけを判定する。これで「狙い越し」ができるリアルなクレー射撃になった。

赤外線の的は明滅しており、そのパターンが一種の信号になっている。屋内には照明など別の光源もあるので、的の赤外線だけを捕らえるために信号を乗せているのだ。レーザークレーは光線銃のスポーツだが、横井は通信システムと捉《とら》えていた。このような仕掛けのために、レーザークレーはクレー射撃の経験がある人にも好評だった。クレー射撃の練習用に使いたいという声も出てきたほどだ。

レーザークレーの注文は好調だった。ボウリング場のオーナーたちは、人気の落ちたボウリングに見切りをつけ、レーザークレー場に改装するために、任天堂レジャーシステムにレーザークレー一式を大量に注文した。しかし、その最中に第四次中東戦争が勃発《ぼっぱつ》し、原油価格が大幅に引き上げられるというオイルショックが起きる。

**当初はすごい勢いで増えていったんですけど、1973年のオイルショックで、途端にパタンと止まってしまったんですね。結局、たいへんな損害を会社に与えることになってしまった。それも注文はどんどん入ってきて、材料を準備した途端にぱたっと止まったわけですから痛かった。そこから任天堂の苦しみが始まるんですね。**

社運を賭けたレーザークレーは大失敗に終わる。それはとても横井の責任とは呼べないものだが、横井自身は大いに責任を感じていただろう。しかも、レーザークレーの評価自体は高く、注文も殺到したのに、まったく外部的な要因でうまくいかなかったわけだから、なおさら悔しかったはずだ。横井が出向していた任天堂レジャーシステムの経営も急激に危うくなる。この時期の横井は自分でも「無我夢中だった」という。とにかく、開発マンの横井としては、ヒット商品を生み出すということでしか、会社を救う方法はない。しかも、レーザークレーの失敗は、玩具の失敗とは桁《けた》が違った。レーザークレーは元ボウリング場に設置する大型屋内施設で、この失敗は単価数千円の玩具の失敗とはわけが違うのだ。

## 伝説の名作ワイルドガンマン

横井は、任天堂と任天堂レジャーシステムを救おうと、玩具ではなくアーケードゲームの世界で新たな商品を開発していく。そして、世間ではあまり知られていないが、ゲーム業界の人間ならだれでも知っている画期的なゲームをふたつ開発することになるのだ。

アーケードゲームというのは、いわゆるゲームセンターに置かれる大型ゲーム機のことだ。ただし、この時代のゲームセンターについては少し説明が必要だろう。今のゲームセンターとはまったく様相が違うからだ。横井がアーケードゲームを開発していたのは1974年から1977年ごろまで。ゲームセンターブームに火をつけた「ブロック崩し」が登場するのは1976年。社会現象を巻き起こした「スペースインベーダー」が登場したのが1978年だ。つまり、横井がアーケードゲームを作っていた時期は、まだコンピューター系のゲーム機は存在しなかった。あるものといえば、ピンボールマシンやエアホッケー、パンチングマシン、10円玉を入れて弾《はじ》き当たり穴に誘導するプライズマシンなど、ゲームセンターというよりも「デパートの屋上」のような牧歌的な雰囲気だった。

この時代に横井は、あっと驚くアーケードゲームを開発した。1974年の「ワイルドガンマン」だ。ワイルドガンマンも光線銃を使ったゲームだ。遊ぶ人の3メートルほど先にスクリーンがあり、そこにガンマンが映しだされている。遊ぶ人はガンベルトをつけ、腰にピストルを装着する。スクリーンのガンマンが銃を抜こうとする瞬間、こちらが早く抜いてガンマンを撃つ。もし、早く撃てるとガンマンが倒れる。しかし、ガンマンの方が早かった場合は、にやりと笑ってそのまま立っているのだ。当たった当たらないで、なぜガンマンが倒れたり倒れなかったりするのか。まだ、映像といえばフィルムしかない時代で、途中で映像を当たり用と外れ用に切り替えるなどということはできない時代だ。多くの人が不思議がった。

その仕掛けは、2台の映写機を使っていることにある。1台は当たったとき用の映像を映写し、もう1台は外れたときの映像を映写する。銃を撃つと、全体が煙に包まれる映像が流れる。ここがポイントで、煙の映像を利用して当たったときは当たり用の映像にこっそりと切り替えているのだ。横井がワイルドガンマンで狙ったのは、この映像で遊ぶ人をびっくりさせることだった。

**レーザークレーなんかで、大げさなものを作ることには慣れていましたから、今度も「どうせやるなら大げさに作ってやろう」とワイルドガンマンを作ったんです。私にしてみれば、採算を度外視した試作品にすぎないんですけど、とりあえず試作してみたら、すごく評価さ**

ゲームに実写フィルムを持ち込む斬新な発想のワイルドガンマンのチラシ
（資料提供：山崎功）

**れて、「販売した方がいい」と言われまして。それで、販売することになったんです。**

多くのゲームセンターから注文が入った。客寄せのために、入り口付近の目立つところに置きたいという要望が殺到したのだ。しかし、本来は試作品であるため、このワイルドガンマンには大きな欠点があった。16ミリフィルムを使っていたので、耐久性があまりないのだ。映写フィルムというのはもともと切れやすくできている。撮影機や映写機の中で、万が一からまった場合に、フィルムが切れることで、撮影機や映写機が壊れるのを防いでいるのだ。そのため、ワイルドガンマンも100回も遊べば、フィルムが切れてしまう代物だったのだ。

そこで、横井はフィルムメーカーである富士《ふじ》写真フイルムを訪ね、テトロン製の耐久性のあるフィルムを特別に開発してもらった。富士写真フイルムは当初、そんな耐久性のあるフィルムでは、映写機の方が壊れてしまうと忠告したが、横井は「フィルムが切れさえしなければ、機械の方が壊れてもかまわない」と言い張ったという。それでようやく500回から1000回の耐久性が出て、商品化に成功した。

ワイルドガンマンは世界中に売れるヒット商品となった。神戸《こうべ》のゲームセンターでは、黒山の人だかりになって、交通の妨げになると警察署からお叱りを受けたこともあったという。しかし、売れたといっても、アーケードゲームの世界では100台程度のことで、ヒット玩具による利益とは比べ物にならない。

横井はこのワイルドガンマンを作ったことで、当時の人気テレビ番組「ほんものは誰だ！」に出演することになる。宍戸錠《ししどじょう》、江利《えり》チエミがゲストで、司会者が土居《どい》まさるであったことを横井は覚えているという。しかし、任天堂の収支状況を改善するほどまでの売り上げにはつながらなかった。横井が任天堂を救うのは、５年先のことである。

## 世界初（？）の脱衣ゲーム、ファッシネーション

実写映像でみんなが驚くことを知った横井は、このワイルドガンマンのバリエーションをもうひとつ作っている。これはかなりのゲーム通でも知らないだろうが、おそらく、横井は世界最初の脱衣ゲームを作ったことになる。「ファッシネーション」だ。ワイルドガンマンと同じく、遊ぶ人はピストルを持ってスクリーンの前に立つ。スクリーンでは美女が踊っている。音楽が止まると、美女は自分の腰の辺りを指さす。そこに小さな的が現れるのだ。これを狙って撃ち、当たるとスカートが脱げ落ちる。それを繰り返して当てていくと、最後には美女が裸になるというゲームだ。といっても、ほんとうの裸ではなく、水着風の下着姿になるだけだが……。もちろん、ワイルドガンマンと同じく、複数の映写機を使って、次々と映像を切り替えていく仕組みになっている。

この美女は、スウェーデンのモデルで、撮影に立ち会った横井も「ほんとうにきれいな人だった」と言っていた。話を聞いていて楽しくなった私は、「なぜスウェーデンのモデルさんを

起用したんですか、アメリカでもなくフランスでもなく」と聞いてみると、横井はその質問を待っていたかのように満面に笑みを作って、「そりゃ、私らの世代は、そういう方面だとスウエーデンしか思いつかないんですよ」と爆笑していた。

ファッシネーションは、ワイルドガンマンよりもさらに機構が複雑なので、最初から販売するつもりはなかった。ワイルドガンマンの記者発表会をするときに、こんなこともできるのだというデモンストレーションとして展示するために作った。しかし、東京・新宿のゲームセンターが、このデモ機を持っていってしばらくの間置いていたというから、ファッシネーションで遊んだ経験がある人もいるはずだ。

この映写機を切り替えるという手法は、横井のお手のものになり、1977年には、ゲームセンター初期の名作と呼ばれる「バトルシャーク」「スカイホーク」を生み出すことになる。バトルシャークは海が舞台で高速艇を撃つ、スカイホークは空が舞台で戦闘機を撃つというゲームだ。ワイルドガンマンと同じく、当たると爆発炎上する映像に切り替わる。ただし、複数の映写機を使うのではなく、フィルムを上下2段に分け、上に当たらなかったときの映像、下に当たったときの炎上している映像を入れ、鏡を使って、最初はフィルムの上半分だけをスクリーンに映すようにした。当たった場合は、鏡の角度を変えて、下半分の映像に切り替える。

横井は、この他にレーザークレーのシステムを小型化して、ゲームセンターにも置けるようにしたりと、さまざまな仕事をしている。しかし、当時のゲームセンターは、ブロック崩し、インベーダーゲームによる第一次ブームの夜明け前の時代だった。まだまだ小さなビジネスでしかなかった。横井は順調に耳目を集めるゲームを生み出し、利益をあげていったが、レーザークレーの損失を取り戻すにはほど遠かった。

そして横井は、任天堂に呼び戻されることになる。

## 任天堂の転機となる1977年

横井が本来の玩具開発の仕事に戻った1977年は、さまざまな意味で大きな転換の年となる。その前年、ゲームセンターの世界では、ブロック崩しが登場し、ゲームセンターの様相が大きく変わってきた。大人が遊ぶゲームセンターだったのが、高校生などの若者が遊び始める。さらに1978年にはインベーダーゲームが登場する。任天堂レジャーシステムも、インベーダーブームに乗り「スペースフィーバー」というコピーゲームを発売し、利益が上がるようになる。

また、この年は、宮本茂が入社した年でもある。宮本茂は、現在任天堂の代表取締役のひとりで情報開発本部長。というより、「マリオの作者」と言った方がわかりやすいかもしれない。後に「ドンキーコング」を生み出し、その後も任天堂のヒットゲームを次々と生み出すことになるゲームクリエイターだ。世界でもっとも有名なゲームクリエイターといっても過言ではなく、元ビートルズのポール・マッカートニーも来日した際、わざわざ京都に宮本茂を訪ねにいっている。後に山内は「百人の凡人よりも一人の天才」と宮本を評したと言われるが、宮本もなぜ任天堂に入社することになったのか不思議な点が多い。宮本は子供の頃、画家志望で、画家になれなければ人形遣いになりたいと夢見る少年だった。その夢は大学生になっても覚めず、金沢市立美術工芸大学に入学したものの授業には出席せず、音楽と美術に熱中していたため、1年留年をしている。大学を卒業したものの、自分がどんな仕事をしたらいいか分からず、かといって会社勤めはしたくないと、ぶらぶらしていた。宮本の父親は、任天堂の山内溥と面識があり、その縁で宮本は任天堂の面接を受けることになる。

しかし、そのときの山内の考えは「技術屋ならほしいが、絵描きはいらん」というものだった。山内は友人の顔を立てて、面接だけはする約束をした。約束を守って面接をし、断るつもりだったのだ。ところが、山内は実際に会ってみるとこの宮本茂という青年に興味をもってしまった。これはもう山内の眼力というしかない。なぜなら、このときの面接では宮本は作品を持ってくるわけでもなく、アイディアを語るわけでもなく、口数さえ少なかったのだ。普通の面接試験であれば不合格になっておかしくなかっただろう。しかし山内は、もう一度会いに来るように言い、そのときはなにか作品か玩具のアイディアを持ってきてほしいと言った。

次の面接で、宮本は大量の試作品を持ち込む。ひとつは子供用のハンガーだった。とがったところや角にあたる部分が滑らかに削られた木製ハンガーで、華やかな色合いにアクリル塗装されていた。そして、全体が象の形になっていた。同じハンガーで、小鳥やヒヨコを模したものもあった。また、宮本はスケッチブックをとりだし、玩具のアイディアをプレゼンテーションした。遊園地に設置する時計だとか、三人乗りのブランコなどが描かれていた。山内はその作品群を見て、これは逸材だと感じただろう。

しかし、当面宮本向きの仕事などなかった。せいぜい玩具のパッケージやカタログの絵を描く程度の仕事で、逸材・宮本は企画部に配属となり、しばらくはこれといった仕事もなく、見習い同然の時期を過ごすことになる。

任天堂の仕事に戻った横井は、このときはもちろん宮本のことなど目に入らなかっただろう。横井の頭にあるのは、ヒット玩具を生み出して、危機に瀕《ひん》している任天堂を救うことしかなかった。今まではアーケードゲームという本業ではない世界での仕事だったので、「ゲームは面白いけど、利益は上がらなかった」でもゆるされるところがあった。ところが、今度は本業の玩具の世界での勝負なので「利益は上げられなかった」ではゆるされない。いちばんゆるさないのが横井自身であったに違いない。

**私自身は、アーケードだとか家庭用ゲームだとか、特に意識したことはありませんでしたね。とにかく自分の作ったものが受ける、これが面白かった。それと、なんとか会社に貢献しようとして無我夢中だったんです。**

## 映像と光線銃のトリック、ダックハント

本業に戻ってみると、さすがに光線銃の売り上げも激減していた。ウルトラシリーズ、光線銃シリーズに続くヒットシリーズをすぐに生み出すことも不可能だった。このようなヒットシリーズは、凡人なら一生に1回でも生み出すことができれば幸運だと言っていいし、その人を讃《たた》えるべきだろう。

横井は入社10年で、ヒットシリーズをふたつも生み出した。それも光線銃シリーズは、ヒットさせることを狙ってヒットさせたのだ。普通の人間であれば、体力や気力、才能が涸《か》れ果ててあたり前の状態だ。さすがの横井も本業に戻ってすぐに新しいことを始めることはできなかった。

そこで、今までやってきたことの技術を活《い》かして、不思議な玩具を生み出す。光線銃を使い、その仕掛けはワイルドガンマンをさらに延長したものだ。今でも、その原理はなかなかわからず、実演してみると、多くの人が「どうなっているんだ?」とクビをひねる。

1977年の「ダックハント」という玩具は、スイッチを入れると部屋の壁に光で描かれたカモが映し出され、それを付属の光線銃で狙って撃つというものだ。光で描かれたカモは羽ばたいており、外れるとそのまま飛んでいってしまうが、当たるとカモはバタバタと落ちていく。映像の切り替えは、ワイルドガンマンから派生したスカイホークと同じで、鏡を使って行う。

しかし、問題なのは、壁に向かって撃つ光線銃でどうやって当たり判定をしているかだ。レ

ーザークレーと同じように、赤外線の的を使い、壁に反射した光を受光銃で受けるという手もあるが、一般の家庭にはさまざまな赤外線発生源があり、誤判定をしてしまう可能性が高い。ましてや、壁に反射した光を受光銃で受けるのでは、窓の外の太陽に向けても当たりと判定されてしまうということになってしまう。受光銃ではだめなのだ。

実は、光線銃シリーズの最後の製品「光線銃カスタム」で使ったストロボは非常に強力であった。なにしろ２００メートル先の的でも当てられるのだ。カモの映像はプロジェクターから鏡を使って壁に映し出している。光線銃でカモを狙って撃つと、カモの映像を描いている光に、さらに光線銃の強いストロボの光が加わることになる。この強い光はカモを映し出している鏡を逆にたどってプロジェクターに戻る。プロジェクター内の受光素子がこの光を感知して当たり判定をするのだ。光線銃の狙いが外れた場合は、光線銃の光は鏡で捕らえられないので、当たり判定をしないというわけだ。

さらに、後に横井はこのダックハントのファミコン版ソフトも発売している。これもテレビ画面に向けて光線銃を撃つと、カモに当たるというものだが、これも実に不思議だ。なぜテレビ画面で当たり判定ができるのだろうか。

なんでも横井を「世界初」にしたがると、読者の方は思われるかもしれないが、これもテレビゲームが画面の外に飛び出した世界初ではないか。現在のＷｉｉにもつながるものだ。こちらのしかけは銃の方が受光銃になっており、光センサーが埋めこまれている。引き金を引くと、カモの絵が映し出されていた画面は一瞬暗転し、カモの位置には白い四角が表示される。銃はこの白い四角を感知して当たりを判定している。画面の暗転は一瞬なので、人の目には見えないというわけだ。

横井は後にファミコンのソフトも多くプロデュースすることになるが、初期の頃は画面の外に出ていくこのような仕掛けの玩具やソフトを多数考案している。任天堂は後にファミコンが爆発的なヒットをし、明けても暮れてもファミコンという時代が長く続くことになるが、その最中にあって、横井は「コンピューターは難しいから嫌いや」「画面の中だけでやっているといずれ飽きられてしまう」と語っていたという。横井はＷｉｉを見ることなく、この世を去ってしまったが、もしＷｉｉを見たら「これですな」とうなずいたのではないかと思う。

横井が怒濤《どとう》のファミコン時代に、一人違う路線を進み、画面の外へというけもの道を孤独に歩いていた話は、また後ほど触れる。

### ラジコンと掃除ロボットとワンボタン

アーケードゲームからホームグラウンドの玩具の世界に戻ってきた横井だが、すぐにヒット商品を生み出すことはできなかった。横井を待っていたのは、他社のヒット商品に対抗するという仕事だった。

玩具業界はもともと、競争が厳しい。しかも、ヒット玩具というのは寿命が短く、爆発的に売れて、あっという間にブームが去っていく。ヒット玩具が登場すると、店頭はそのヒット玩具一色で埋まってしまい、他の製品は店頭にすら置いてもらえなくなってしまう。店頭スペースを確保するという意味でも、ヒット玩具と類似した製品を短期間で開発することは重要な仕事だった。中には違法なコピー商品を作ってしまうメーカーもあっただろう。もちろん、任天堂にはそんなことはできないし、横井もそんなことをするのはプライドがゆるさない。そこで、なにか一工夫をした類似玩具を開発するということになる。その工夫ぶりに、横井らしさを見ることができる。

少し時代が遡《さかのぼ》るが、１９７２年に横井はラジコンカー「レフティＲＸ」を開発している。この頃、米国の小さな企業が開発した本格的なラジコンカーが輸入されて小さなブームになっていた。しかし、それは１／８サイズがほとんどで、しかもニトロ燃料を使う本格的なもので、子供の玩具ではない。価格も平均的なサラリーマンの給料の一月分以上はした。経済的に余裕のある大人の楽しみだった。

しかし、子供たちがこんな面白そうなものを見逃すはずはない。そこで、任天堂でも電池で駆動するラジコンカーを作らなければという話になった。だが、ラジコンカーの問題は、ラジオコントロールにコストがかかってしまうということだった。そこで、横井は「１チャンネルラジコン」を考案する。高価なラジコンカーは、マルチチャンネルのラジコンを使って、ハンドルやエンジンなどを細かく制御していく。しかし、チャンネル数を増やすとそれに比例して原価が上がっていく。そこで、横井は1チャンネルしか使わずにレースができるラジコンカーを考案する。それが「レフティRX」だ。1チャンネルしかないので、このラジコンカーは左にしか曲がることができない。しかし、左回りのコースであればレースが楽しめるのだ。価格は本格的ラジコンの1／10だった。

さらにこのメカニズムを使って、横井は1979年に「チリトリー」を開発する。これはラジコン式の掃除機だ。今、アイロボット社からルンバという同じコンセプトの掃除機が登場している。現在の掃除機ロボットは、自動でゴミを感知し、巡回する範囲も人工知能で認識していくほど高度になっているが、チリトリーはすべてがリモコンだ。しかも、前進と回転しかできない。これも1チャンネルラジコンの応用だった。チリトリーの下部には、タイヤが二輪ついている。片方のタイヤは常に同じ方向に一定の速度で回転している。もう片方のタイヤは、ラジコンで回転する方向を変えることができる。両方のタイヤが同じ方向に回転する場合は、チリトリーは前進をする。ラジコンで片方のタイヤの回転方向を変えると、ふたつのタイヤはそれぞれ異なった方向に回転することになり、チリトリーはその場でくるくる回る。回りながらゴミを吸い取るという仕組みだ。

床にゴミを発見した場合、チリトリーをまずは回転させて、前部がゴミのある方向に向いたところで、リモコンのボタンを押すと、チリトリーがゴミに向かって進みだす。チリトリーがゴミの上にきたら、再度リモコンのボタンを押すと、チリトリーがその場で回転をしてゴミを掃除する。今の掃除機ロボットと比べると、不便な点は多々あるが、それは当時の技術を考えるとしかたのないことだろう。しかし、初めて見たときの印象は、今の掃除機ロボットを初めて見たときと同じ種類のものだ。チリトリーがけなげに見えて可愛く思えるのだ。

横井は実用品に対する憧れがあって、玩具だけでなく実用品も作りたいと語っていたことがあるが、横井の作るチリトリーのような実用品には、どこか玩具の面白さがある。しかも、ワンボタンですべての操作ができる点は、もっと評価されていいだろう。この簡単さは、今の家電製品にもない点で、技術的限界からくる「リモコンでゴミのあるところに誘導しなければならない」という不便さを補って余りある。

## 「ばらばらにしたって、いつかは元に戻るやろ」

この頃、横井はパズル玩具も開発している。当時、ツクダオリジナルから発売されたパズル「ルービックキューブ」が、世界的なブームとなったため、任天堂でも対抗上パズル玩具を開発する必要に迫られた。横井が開発したのは、透明なドラムの中に、5色の玉が4つずつ入っていて、ドラムを回転させたり、ボールを押しだして移動させながら、5色の玉を揃えて並べるというものだった。横井がルービックキューブに注目したのは、その解き方や数学的な解明ではなく、その機構の不思議さだった。どうして、立方体をくるくる回しても外れたりしないのかという点だった。横井はその不思議さを取りこもうとして、「テンビリオン」を開発した。

ところが「これはどうやって解くんですか」と言われましてね。「おれも知らん。売るとき、色を揃えて入れておけば、お客さんがばらばらにしたって、いつかは絶対元に戻るやろ」と。無責任な話ですよね。そしたら、お客さんから「解き方教えてくれ」と言われてねえ。とても困りました。うまいこと、別のお客さんが解き方を発見して教えてもらいました。解き方まで自分で考えたふりして、テレビなんかにも出ちゃったりしましたね（笑）。

横井は、本質的にパズルの人ではなく、玩具の人であることがよくわかる。解法などには興味はなく、立体パズルのメカニズムやアクションに強い興味をもっていたのだ。しかし、このテンビリオンもルービックキューブほどではないが、ブームとなり、ドイツではテンビリオンの解法を解説した本が出版され、そこには横井が「Teufelstonne（悪魔の樽《たる》）の発見者として紹介されている。

横井はこの手の仕事を「片手間中の片手間でやったようなもの」と言う。オリジナリティにこだわる横井としては、必要な仕事だったとしても、他社のヒット商品に追随する製品を開発する仕事には納得がいかない部分が残るのだろう。このような仕事をこなしながら、横井は次のヒット商品のアイディアを温めていた。

# 第4章　ゲーム&ウオッチと世界進出

## サラリーマンが隠して遊ぶ⁉　ゲーム&ウオッチ

1980年になり、横井のキャリアも15年となった。そして、三度目の奇跡と呼ぶべきだろうか、それとも三度目の正直と呼ぶべきなのだろうか、横井は人生最大のヒットシリーズを開発する。社会現象ともなり、国内の販売台数でも1200万台を超え、世界市場まで入れたら4340万台。無数の違法コピー製品までが登場し、それも含めると1億台以上が出回っていたことは間違いない、「ゲーム&ウオッチ」だ。

この大ヒットゲーム機を横井が思いつくきっかけは、新幹線の中で電卓で遊んでいた中年サラリーマンの姿だった。

**ゲーム&ウオッチは新幹線の中で思いついたんですね。新幹線の中での退屈しのぎにサラリーマンが電卓を使って遊んでいた。これを見ていて「あ。暇つぶしのできる小さなゲーム機はどうだろうか」と。それがそもそもです。**

しかし、横井はこのアイディアはさほど見込みがあるとは思っていなかった。「退屈しのぎのゲーム」「サラリーマンが対象」という発想は、確かにツボをついているとはいえない。実際、ゲーム&ウオッチの熱烈なファンになったのは、退屈しのぎなどとは無縁な子供たちだったからだ。横井は「この手のアイディアというのは、ほとんど毎日のように思いついていて、そのほとんどは見込みがないと捨ててしまう。ゲーム&ウオッチの元になったアイディアもあのことがなければ、間違いなく忘れていたはず」と言っていた。

「あのこと」とは、ちょっとした事件があったのだ。横井は若い頃から、外車が好きで、入社したての頃も外車で任天堂に通勤していたくらいだった。ある日、山内社長の社用車の運転手が風邪かなにかで休んでしまった。しかし、大阪のホテルで会合があるので、だれかが車を運転しなければならない。社用車はキャデラックで左ハンドルだった。もちろん、だれも運転したがらない。左ハンドルの車など運転したこともない人がほとんどだったし、社長を乗せて万が一事故でも起こしたら目もあてられない。人事部長は「左ハンドルといえば横井君だろう」と思いついたのだろうか、横井のところにきて「悪いが一日運転手をやってくれないか」と言ってきた。これは横井にとって屈辱的なことだった。「私は開発課長で、運転手じゃない」というプライドが当然あったはずだ。

しかし、この時期の横井には社内の目も厳しかった。スター開発者であるのに、レーザークレーで失敗し、未《いま》だにそれを取り返す玩具《がんぐ》を開発できていなかった。これが、光線銃が次々と出荷されている時期なら、人事部長も横井に運転手を頼みには来なかっただろう。そのときの横井には、人事部長の頼みごとを突っぱねる勢いもなかった。しかたなく、山内社長を乗せて、キャデラックを大阪に走らせたのだ。

当時、私は開発課長で、やっぱりプライドがあるでしょ。私は運転手なんかじゃないんだというね。で、社長を乗せているときに、何か仕事の話をしなければというわけで、新幹線の中での退屈しのぎの話をしたんですね。「小さな電卓のようなゲーム機を作ったら面白いと思うんですけど」と。「今までの玩具というのは、大きくして売ろうという発想だけど、電卓のような薄くて小さいゲームだったら、我々のようなサラリーマンでもゲームをしていても周りにばれないいじゃないですか」と。ま、社長はフンフンと聞いていましたけど、さほど気にしている様子でもなかった。

ところが、1週間ほどしたらシャープのトップクラスの人間が任天堂を訪問した。その席に横井が呼ばれた。横井はなんのことだか戸惑ったが、山内は「君が言った電卓サイズのゲームを作るんだったら、液晶はシャープが得意だから呼んだんだ」とあたり前のように言う。ここからゲーム&ウオッチの開発が始まる。

横井はゲーム&ウオッチのアイディアを、ほんとうに取るに足らない、日常思いつくアイディアのひとつにすぎなかったと説明していた。しかし、このゲーム&ウオッチには、横井のすべてが詰まっているといっても過言ではない。「ゲーム機を携帯して遊ぶ」という発想を広めたのは、このゲーム&ウオッチからで、現在のニンテンドーDSやソニーのPSPなどの携帯ゲーム機の原型ということもできる。直接的なつながりはないとしても、両手でもち、左に十字キー、右にボタンという携帯ゲームの基本デザインを作ったのは横井であることは間違いない。

この携帯ゲーム機のデザインを決める元になったのは、新幹線の中の中年サラリーマンだった。

**新幹線の中で大きなゲーム機を出して遊ぶというのは、我々サラリーマンには恥ずかしくてできない。どうしたら、人目につかずにさり気なく遊べるかというと、座ったときに人間は自然に前に手を組む。その姿勢で遊べるのがいいだろうと考えました。その状態では親指で操作するしかない。それで、この横型の筐体《きようたい》ということになったんですね。だから、ゲーム＆ウオッチのデザインは隠して遊ぶためのものなんです。**

もちろん、ここにも「枯れた技術の水平思考」を見ることができる。当時、液晶は電卓で使われ、電卓の低価格競争が一段落した頃だった。５年前なら、ゲーム＆ウオッチは極めて高価なゲームになってしまっていただろう。しかし、電卓戦争で液晶の価格がじゅうぶんに下がってきたタイミングだったので、玩具にも使えるようになっていたのだ。

**シャープのお偉いさんから「あのとき、ゲーム&ウオッチの液晶がなかったら、シャープの液晶はここまできていなかっただろう。縮小しようとしていた液晶工場がゲーム&ウオッチで盛り上がったので、TFT液晶（パソコンのディスプレイの主流方式）までつながったんだ」とよく言われます。電卓で使う液晶は小さいけど、ゲーム&ウオッチはその3倍くらいの大きさの液晶を使うんですね。**

電卓は、現代のエレクトロニクス製品の原点である。１９６４年に早川電機（現シャープ）が発売したＣＳ－10Ａは53万５０００円。自動車１台分の価格とほぼ同じだった。トランジスタとダイオードを使ったもので、大きく重たく「卓上計算機」というよりも、電卓そのものが机代わりになるほど大きかった。この電卓の小型化のため、トランジスタとダイオードをチップ化したＩＣ（集積回路）が開発され、ＩＣはより高密度になりＬＳＩ（高集積回路）へと進化していく。さらに、電卓ごとにＬＳＩを設計、開発していたのではコストがかかるということから、基本的な機能だけをＬＳＩ化したＣＰＵが後に生まれることになる。

１９６９年には、シャープがＬＳＩを使った電卓ＱＴ－８Ｄを発売。文字通り机の上におけるサイズで、重量は１・４キロ、価格も９万９８００円と10万円を切ったことでヒット商品となる。しかし、１９７１年には立石電機（現オムロン）が５万円を切る価格の電卓を発売、１９７２年にはカシオが１万２８００円という低価格のカシオミニを発売、電卓の価格は急激に下がっていく。

これらの電卓は、表示部分は発光ダイオードを使ったものが多かった。さらに小型化していくためには液晶表示にすることが必要で、１９７３年にはシャープが液晶表示を使った電卓ＥＬ－８０５を発売する。70年代末になると、電卓はカードサイズ、名刺サイズにまで小さくなり、薄さ数ミリ、重量数十グラムというのがあたり前になっていた。

ビジネスマンにとって、電卓はデスクの上に置いておくものではなく、携帯するものになっていた。この頃は、新幹線の中で書類を出して、いろいろ計算しているビジネスマンの姿がよく見られた。しかし、今の携帯電話と同じで、人間が毎日持ち歩くものに求めるのは「暇つぶしの機能」だ。

当時『電卓で遊ぶ本』というようなタイトルの本が、何冊も出版された。内容は、たとえば１２３４５６７９×９を計算すると１がずらりと並ぶとか、平方根キーを何回も押し続けると１になるとか、電卓の表示を逆さに見ると英語の文字に見えるとか、他愛もないものにすぎない。こういったこともゲーム＆ウオッチのヒントになっていたのだろう。

同様のことは、いろいろな人が考えていたらしく、ゲーム＆ウオッチとほぼ同時期にカシオから「デジタルインベーダー」というゲームができる電卓が発売されている。画面の右端から数字で表されるインベーダーが出てくる。ボタンを押して左端の数字を変えることで撃退し、得点の合計が10になるとｎで表されるＵＦＯが出現。そのＵＦＯを撃退すると高得点になるというゲームだった。ほとんど数字表示だけで、ゲームが成立しているのがミソの製品だった。

## ほんのちょっとの実用性を加える

もうひとつ、実はあまり語られないゲーム&ウオッチのヒットの秘密がある。横井はこの頃までは、試作品を自宅に持ち帰り、家族や周りのものに見せていたという。ゲーム&ウオッチがヒットして以降は、任天堂の機密管理が厳しくなり、試作品を持って帰ることも、仕事の話をすることもなくなったが、それまでは玩具を見せびらかす子供のように周囲に試作品を見せていたらしい。

あるとき、横井の親戚《しんせき》が横井家を訪ねると、横井がゲーム&ウオッチの試作品を見せてくれたという。その親戚は横井とほぼ同年代で、もうゲームで遊ぶような年齢ではなくなっていた。感想を尋ねられて、親しかった親戚は正直に答えた。「面白そうだけど、5000円もするんじゃ、高くて買わない」。すると横井は「これは時計にもなる」といって、時計画面に切り替えて見せた。ゲーム&ウオッチは液晶時計にもなるのだ。その親戚が「ああ、時計にもなるのか。だったら買ってもいいかな」と答えると、横井は満足げにうなずいていたという。

この話がどういう意味を持つのか、わからない読者は多いだろう。どういうことかは後で説明するが、その前にもうひとつエピソードを紹介したい。私が横井のインタビューを終え、京都から新幹線で帰る日に、食事に誘われた。「新幹線の時間がありますので……」と丁重に辞退をしたら、横井は「では、京都駅近くの店に行きましょう。だったらすぐ新幹線に乗れるから」と言って、わざわざ京都駅まで送ってくれ、そこでいっしょに食事をすることになった。どこまでも、優しい人なのだ。

その食事の席で、当時流行《はや》っていた「たまごっち」の話題になった。横井は真剣にくやしがっていた。なんで、たまごっちを思いつかなかったのかと。たまごっちがヒット商品であることに嫉妬《しっと》していたのではない。たまごっちは、実に低コストで製造でき、プログラムも素人でできるレベル。しかし、アイディアが素晴らしいので、爆発的な人気となった。手間がかからずに作れて、製造コストも安い。でも、アイディアが面白いので受けるというのは、横井の理想の仕事でもあった。そこに嫉妬したのだ。

そのとき、横井が「たまごっちの〝っち〟というのはどういう意味なの？　バンダイは公式に説明している？」と尋ねてきた。考えたこともなかった質問だったので「さあ。子供が友人のことを〝まことっち〟とか呼ぶ、あの〝っち〟じゃないでしょうか」と適当に答えると、横井はこう答えた。「そうかもしれないけど、あれはウォッチの〝っち〟じゃないだろうか。たまごうぉっちがたまごっちになった。そうは思わない？」

別に「たまごっち」のネーミングが、ゲーム＆ウオッチの盗作だとか、そういう小さいことを横井は言いたかったわけではない。ゲーム＆ウオッチやたまごっちのような暇つぶしのための道具を売るには、ひとつ小さな実用性を入れておくことがとても大切だということなのだ。

ゲーム&ウオッチやたまごっちのような商品を店頭で手に取った人は、それを買うべきかどうか悩む。だれもが考えるのは、その商品価格を支払って、代わりにその価格以上の楽しみが得られるのかということだ。このとき、暇つぶしの道具は非常に弱い。なぜなら不要不急の商品なので、もう一度よく考えてから、買うかどうかを決めてもいいからだ。

さらに、ゲームはやってみないことには面白いのかつまらないのかなかなか評価できない。お客さんは商品を買うあとほんの一歩のところまで来ているのに、そこで逡巡《しゅんじゅん》してしまう。

しかし、そこにささやかでかまわないので、時計にもなるという実用性があると、一気に「買っておいても損はないか」と、買う方向に流れ始めるのだ。だから、暇つぶしの商品にはほんのちょっとの実用性を入れておく必要があると横井は言いたかったのだ。

ゲーム&ウオッチの時計機能は、この「ほんのちょっとの実用性」として横井がわざわざ入れたものだ。しかも、ささやかな実用性でもなかった。ゲーム&ウオッチが発売された1980年当時、まだ液晶のデジタル時計そのものが極めて珍しかった。デジタル時計は存在していたが、ほとんど機械式で、数字を書いた板がパタパタとめくれて時刻を表示するのが普通だった。つまり、当時珍しかった液晶時計とほぼ同じ値段でゲーム&ウオッチは発売されたのだ。中には、ゲーム&ウオッチを「ゲーム機」としてではなく、ゲームもできる液晶時計として購入した人もいただろう。

子供が玩具店の店先で、親にゲーム&ウオッチをおねだりしている場面を想像していただきたい。だだをこねる子供に親がこういう。「こんな高いもの。どうせ、すぐに飽きて放り出しちゃうんでしょ」。子供はこう答える。「そんなことない。飽きても時計になるから、部屋で時計として使う。僕の机にはまだ卓上時計がないじゃないか。宿題をやるときに、時間を見る必要があるんだよ」。親はなかなか子供を説得しづらくなる。それに親も時計として使えるのだったら、まあいいかと考える。

この「ほんのちょっとの実用性」を戦略的に組み込んだのが、ニンテンドーDSやWiiだ。DSには脳力トレーニングという実用的なソフトがあり、Wiiにはダイエットや健康管理のソフトがある。ただのゲーム機だったら、すぐに飽きて使わなくなってしまうかもしれないが、実用的なソフトがあるのだったら、その後も使うかもしれず、無駄にならないとユーザーは考えるのだ。

DSもWiiもメインのターゲットはもちろん子供だが、脳力トレーニングやダイエットソフトを子供が両親や祖父母にすすめるため、従来とは違った広がりをもつようになった。子供に促されてDSやWiiを使ってみた大人たちが、今度は大人同士で口コミを広げ、さらに子や孫にプレゼントするという垂直方向の口コミと水平方向の口コミが縦横無尽に行き交うことになった。そのポイントとなったのは、横井の言う「ほんのちょっとの実用性」である。

## コンパスと定規でグラフィックに挑戦

横井は、ゲーム&ウオッチの開発で、仕事の幅をさらに広げることになる。横井は常々自分のことを「技術者」と呼び、しかも「技術者としてもたいしたことはない。難しいことは分からないので」と言っていたが、これは「自分のもっとも優れた点は企画力、アイディアである」という強い自負の裏返しである。

しかし、もの作りのアイディアは豊富に出てくるものの、ゲームのアイディアというと横井には初めての経験だった。アーケードゲームの時代にゲームを作ってはいるものの、ゲームデザインという領域の仕事はしていない。ワイルドガンマンにしてもバトルシャーク、スカイホークにしても、ゲームの構造自体は昔からあるピストルゲーム、シューティングゲームそのままだ。しかし、その見せ方や演出で、他とは違う優れたゲームとなっていた。しかし、ゲーム&ウオッチでは、ゼロから液晶ゲームを発想しなければならない。

横井は最初にジャグラーというゲームを単体で売りだすつもりだった。ジャグラーというのはお手玉をするゲームで、左ボタンを押すと左の、右ボタンを押すと右の腕が広がり、落ちてくる玉をつかむことができる。こうして、お手玉を続けていくというゲームだった。ジャグラーは「ボール」という商品名で発売される。これを考えるだけでも横井にとってはたいへんな作業だった。しかも、グラフィックデザインをまかせられる人物が任天堂にはまだ育っておらず（後に宮本茂が担当する）、横井が自らグラフィックを定規とコンパスで描いていたという。

横井にとっては、初めてやることだらけだった。

加えて、山内社長に「どうせやるなら、2、3種類は同時に発売したい」と言われて、ひとつでもたいへんなゲームデザインを、またやらなければならなくなる。結局、ないアイディアを絞って出してきたのが「フラッグマン」（旗揚げゲーム）、「バーミン」（モグラ叩《たた》きゲーム）、「ファイア」（火事でビルから飛び降りてくる人をマットで受け止めるゲーム）、「ジャッジ」（相手をトンカチで叩くゲーム）などだった。

どれも子供たちが空き地などで遊んでいる遊びにヒントを得ており、際立って斬新《ざんしん》なゲームというわけではなかったが、逆にそれが功を奏した。携帯ゲーム機という今まで誰も見たことがない新しい機器であったのに、どうやって遊んだらいいかが、誰の目にもすぐにわかったからだ。

しかし、ジャッジではすでに対戦型ゲームになっていることは注目に値する。ジャッジは、二人のプレイヤーがそれぞれ数札を引いて、数が大きかった方が相手をトンカチで殴るというゲームで、数が小さかった方は頭を防御すれば防ぐことができる。要はボタンがふたつあり、引いた数を相手と比べて大きいか小さいかを判断していずれかのボタンを押すだけの話なのだが、これを二人で対戦ができるようにしたことは、横井の独創だ。

それまでもアーケードゲームなどで二人用のビデオゲームというのはあったが、二人が交互にプレイをして、どちらが高い点数をはじき出せるかを競うというもので、このような二人がほんとうに対戦するというゲームは珍しかった。この対戦型ゲームも、後々横井のゲームを特徴づけるものとなる。

## マリオの生みの親は誰？

ゲーム&ウオッチは売れに売れた。高価な玩具であり、今のゲーム機とは違って、ひとつの本体でひとつのゲームしか遊べない。別のゲームを遊ぶには、もう1台買うしかないのだ。任天堂の財務内容もあっという間に改善してしまった。ようやく横井は「会社に少しでも貢献しようと無我夢中だった」責務を果たせたのだ。ゲーム&ウオッチの最終製品はニューワイドシリーズの「マリオジャグラー」で、発売は1991年だ。10年以上にわたるロングシリーズとなった。

横井は人生でもっとも忙しい時期を迎えた。ゲーム&ウオッチがあまりに売れるものだから、山内社長からは「そろそろ新しいのを二つ三つ頼むわ」とせっつかれ、一方で販売に協力するため海外まで出かけていった。横井はあまりの忙しさに、次第に現場を離れ、ゲームプロデューサーとして仕事をするようになる。ゲームのコンセプトだけを話し、宮本茂などの才能ある人に細部はまかせ、ポイントポイントで作業をチェックし、指示を出すという仕事のしかたに変わっていった。このようにして、横井はもっとも忙しいときに、ゲームとしては永遠の名作「ドンキーコング」を生み出すことになる。

横井軍平のインタビューをまとめた『横井軍平ゲーム館』を１９９７年に上梓《じょうし》して以来、その内容について一部の人の間で問題視する動きがあったようだ。それは、「ドンキーコング」に触れた次の部分に関してだ。

**後に彼（宮本茂）がスーパーマリオを作って有名になったもんだから、ずーっと最初からマリオは彼の仕事になってしまったんですね。だからね、うちの社員なんかは知っていますから「なんで横井さん名乗り出ないの」（笑）って言うのですけど、「あんなん名前だしたってしゃーないやろ」って言っているんですよ。私としては、自分の考えたゲームがお客さんに受ければそれで満足なんで、誰が作ったかなんてことは、わかる人だけがわかっていればいいことだと思うわけです。**

世間ではマリオのキャラクターだけでなく、マリオシリーズのゲームすべてを宮本茂が生み出したとほとんどの人が思っている。ところが、この部分をそのまま読むと、横井が自らの口で「マリオは私が作ったのだ」と主張しているように読める。宮本茂の熱烈なファンの間で、このくだりが問題になり、「あの本には、マリオは横井軍平が作ったというウソが書いてある」と批判されているという。

実を言えば、この部分を横井が口にしたとき、私自身もたいへんな違和感を感じた。マリオはどう見ても宮本茂のテイストにあふれたキャラクターだし、なぜ横井は唐突にこんな、しかも場合によっては問題を巻き起こしそうなことを口にしたのだろうと思ったのだ。でも、今では、そのときの横井の気持ちがよく理解できる。

ゲーム開発の現場では、一人の天才的な作家がすべての作業をするなどということは不可能だ。ニンテンドーDS用の簡単なゲームですら、一人で製作したら数年間はかかってしまう。多くの人が関わってゲームは作られていく。確かにあるキャラクターは一人のデザイナーが描いたかもしれないが、それができあがる過程では多くの人のアイディアが入っていくものなのだ。そのため、対外的に「このゲームはX氏が作りました」と言うことはあるが、現実にはX氏が中心になって多くの人が関わり、チーム一丸となって作ったというのが現場の人たちの感覚だ。そのため、任天堂も特定の商品に対して「これはX氏が作りました」と一人の人物の名前をあげることはない。

横井のこの発言は、世間があまりにも「マリオは宮本茂作」というので「私だって、マリオを作るときにはずいぶんと貢献したのに」と言いたくなったのだろう。実際、マリオが生まれることになった「ドンキーコング」では、横井がプロジェクト責任者、宮本茂がゲームデザインという関係だったから、横井もマリオ誕生に大きく貢献していることは確かだ。マリオというキャラクターは、宮本茂がデザインし、それに横井がアドバイスをしたという関係であることは間違いない。

ドンキーコングやマリオブラザーズというゲームでは、横井の貢献は決して少なくない。ドンキーコングやマリオブラザーズはだれが作ったのか？　横井かそれとも宮本かという二者択一でないことだけは確かだ。宮本が中心となり、それを横井がプロデュースし、その他にも多くの人が関わって生まれている。しかも、宮本はこのドンキーコングが初仕事といってもいいほどで、多くのことを横井から学んだだろう。宮本茂は、現在でも横井を「師匠」と呼び、横井の家族とは親交を結んでいる。横井の墓標には『横井軍平ゲーム館』出版にあたって、横井が描いたイラストが彫り込まれているが、この墓標をデザインしたのが宮本茂だ。

横井の言葉通り、マリオを誰が作ったかということは、横井軍平と宮本茂だけが、ほんとうのことを知っているのだろう。

## いきなり大失敗した任天堂オブアメリカ

任天堂は、ゲーム＆ウオッチの成功で、一気に世界市場に販売網を広げたが、本格的な海外進出は任天堂オブアメリカ（ＮＯＡ）設立以降のことだ。ＮＯＡはゲーム＆ウオッチの発売年と同じ１９８０年にニューヨークで設立されている。山内社長は以前から虎視眈々《こしたんたん》とアメリカ市場進出を狙っていた。山内がトランプの販売を大々的に始めた頃、米国のプレイングカード会社を視察にでかけたことがある。

米国のカード会社はさぞ大きな企業で、すばらしい事業展開をしているのだろうと期待してでかけてみたが、どの会社も任天堂よりも規模が小さく、技術も後れ、ビジネスも単調だった。このときの経験が、山内をトランプからゲームへと駆り立てたといわれるが、同時にアメリカ進出を考える契機にもなっただろう。

問題は、米国での事業をまかせられる人材がいなかったことだ。しかし、身近なところで、うってつけの人材が見つかる。山内の長女の夫、荒川實《あらかわみのる》は商社の丸紅《まるべに》に勤め、世界中を飛び回っていた。英語も堪能《たんのう》だし、国際的なビジネスも知っていた。山内は荒川にすべてをまかせて、NOAを設立させることにした。といっても、実質荒川一人の会社で、妻である山内の長女が手伝うという小さな規模からスタートしている。

当時、すでにアメリカはビデオゲームが大人気となっており、任天堂が開発したアーケードゲームを米国で販売するのがNOAの最初の仕事だった。荒川はゲームにはうとかったので、まずはゲームセンターに通い詰め、そこで知り合いになった少年たちを雇った。任天堂のアーケードゲームを遊んでもらい、どれが受けるのかを見極めるためだった。しかし、なかなか米国で受けるゲームを見極めることは難しかった。

その中でも有望そうに見えたのが「レーダースコープ」というゲームだった。テストで置いたゲームセンターでの評判もよかったし、雇った少年たちも口を揃えて「面白い」と言う。荒川はこれを任天堂に3000台も大量発注して勝負に出た。これで利益を出して、一気に事業を拡大しようとしたのだ。ところが、実際に販売してみると、予想外に売れない。発注して、船便で届く数カ月の間に、レーダースコープはすでに時代遅れのゲームになっていたのだ。大きなトラブルとなった。ＮＯＡはもっていた資金のほとんどをレーダースコープの購入に使ってしまっていた。ＮＯＡに残されたのは、２０００台以上ものだれも見向きもしないアーケードゲーム機だけだった。

荒川は、ニューヨークに拠点を構えていたのでは、日本からの船便が到着する間に、ゲームが時代遅れになってしまうことを悟り、ＮＯＡを西海岸のシアトルに移転する。一方で、残された２０００台のアーケードゲーム機の基板を差し替えて、別のゲーム機に改造してほしいと任天堂に泣きついてきた。

## 敗戦処理で起用された宮本茂

任天堂側でもこの仕事をどうするか困り果てていた。任天堂はゲーム＆ウオッチで活況を呈していて、とてもそのような敗戦処理に人を回す余裕がなかった。そこで山内は、敗戦処理に投入しても、通常業務に差し支えないもの＝宮本茂をこの仕事にあたらせることにした。

しかし、宮本はゲームの製作をした経験などなかった。宮本の才能を山内は秘かに認めていたが、実際にゲームが作れるかどうかは未知数だった。山内もさすがに不安だったのだろうか、横井を呼んで監督するように命じた。横井はその話を聞いて「でも、あいつにはなにもできませんよ」と言ったという。ＮＯＡ側ではこの話を聞いて憤慨したといわれる。素人同然の新人社員に処理をまかせたということは、もう任天堂に見捨てられたと受け取ったのだ。

**そのときはゲーム&ウオッチをやっていたので手いっぱいでしたから、とにかく目の前にある売れ残りの2000台のうち、ちょっとでも売れたらいいわな、1000台も売れたらじゅうぶん会社に貢献したことになるわなという、非常に気楽な気持ちで始めたんですよ。**

その頃、任天堂は「ポパイ」の版権をキング・フィーチャーズ社と交渉している最中で、ライセンスが取れたらポパイのキャラクターを使ったゲームにしようという構想がまとまった。横井と宮本はポパイのアニメを思い出す。

**ポパイのマンガ映画でね、オリーブが夢遊病かなんかになって、工事現場を歩くというのがあったんですよ。足場が無くなって落ちそうになると、うまいこと別の足場がばたっと支えたりなんかして、あれがものすごい印象に残っていましてね。だから工事現場ならいろいろできるだろうというんで、ポパイを工事現場に持っていったんです。工事現場を背景にしようと決めたら、宮本君から「上から樽《たる》が転がってきて、それを避けるものにしよう」という提案がありました。そのときは樽が転がってきたらはしごに登ってよけると。樽が通り過ぎたら、はしごを降りて、また足場を上に登っていくだけという単純なアイディアでした。**

この横井の言うアニメは、１９３４年9月に米国で放送されたポパイのアニメのA Dream Walkingではないかと思われる。寝ぼけたオリーブがビルの工事現場に迷いこみ、ポパイとブルートの二人が、オリーブをどちらが助けるかで争うという内容だ。その中で扱われているアクション的なギャグがドンキーコングにも活《い》かされていることがわかる。

私が横井にロングインタビューをしたのは、横井が任天堂を退社してしばらくした頃で、すでに自分の会社を立ちあげていた。後にワンダースワンなどを開発することになる「コト」である。そのため、インタビューでは任天堂の社員個人や任天堂のビジネスに関する発言はできるだけ聞かないようにするという暗黙の了解があった。当時の横井にとって、すでに任天堂は〝他社〟であり、外部の人間があれこれ任天堂について語るのはよろしくないという気持ちが、横井にも私にもあった。

そのため、横井が宮本をどのように評価していたか、ずばりと聞くことはしなかったが、言葉の端々から、宮本を高く評価していることはすぐにわかった。評価するというよりも、自分とはまったく違う才能をもったこの若者に驚嘆し、尊敬の念すらもったようだ。

横井は、よく「この仕事は片手間中の片手間みたいなもので」という言い方をする。ゲーム＆ウオッチのヒットで、あまりに忙しくなり、自分が現場に入って図面を引いたり、ハンダごてを握る機会がめっきり減っていく。基本的なアイディアを提示して、実際の仕事は別の人間にまかせ、作業途中でチェックし、適切なアドバイスを与えていくというプロデューサーの仕事に急激にシフトしていった。

ドンキーコングの仕事も、実際の作業をしたのは宮本であり、それを横井がチェックしたという構図なのだろう。横井にしてみれば、敗戦処理の仕事であり、しかもパッケージデザインしかやったことのない新人社員が製作を担当するとあって、「気楽な気持ちで始めた」「片手間中の片手間みたいな仕事」と当初は感じていた。しかし、宮本が出してくるアイディアに驚嘆し、横井自身もこの仕事にのめりこんでいくのだ。

横井が気に入ったのは、ポパイというキャラクターが取り扱い説明書の役割を果たしている点だった。横井と宮本が作り上げたのは、ビルの工事現場の屋上に悪漢のブルートがいて、ヒロインのオリーブを連れ去ろうとしている。それをヒーローのポパイが下から登っていき、オリーブを奪還するというストーリーだった。

左下にポパイがいて、上のほうにブルートとオリーブがいる。これを放っておいて、どうやったらお客さんが「ポパイを上に登らせていけばいいんだな」と気づいてくれるだろうか。まずはぱっと見たときに「オリーブがさらわれている」というイメージだったら、ポパイを近づけていくだろうと。でも、それでも動かさないユーザーがいたらどうしようと、宮本君とずいぶん一生懸命考えましたね。そこで、「上から転がってきた樽を飛び越したら、今度

**は背後で火がついて後ろから逆回転して追いかけてくるようにしよう」と。そして、否《いや》が応でも後ろから追いかけられて上に登っていくだろうと。こうして、画面の中でハウツープレイを説明しようとしたんです。**

ところが、キング・フィーチャーズ社との交渉がうまくいかず、ポパイのキャラクターが使えないことが分かった。そこで、横井と宮本はゲームの骨格はそのままに、キャラクターだけを差し替えることにした。オリジナルのキャラクターを作らなければならないということになって、宮本の才能が一気に開花する。

宮本は、横井を始めとして、周りにいるエンジニアたちに「何色使ってもいいのか」「何ドットまで表示できるか」「どのくらいの動きだったら許されるのか」という技術的なことを聞きまくったという。それが特徴のあるマリオの造形を生みだした。

実は、マリオの特徴的な造形＝大きな鼻、ヒゲ、オーバーオールのつなぎ、帽子といった特徴は、キャラクターデザインからの要請ではなく、当時のビデオゲームの技術的な限界を避けるために考え出されたものだ。

たとえば、当初、宮本は帽子をかぶっていないマリオを考案したという。マリオが転倒したとき、理屈では髪がゆれなければおかしい。しかし、当時のビデオゲームでゆれる髪を表現することはできない。そこで、マリオには帽子をかぶらせることになる。大きな鼻、ヒゲも、単純な造形でありながら、表情を出しやすいという理由で採用されたし、オーバーオールを着せたのも、その方が使用する色数が少ないからだ。このような制限がある中で、その制限を逆に活かして魅力的なキャラクターを作り上げた宮本の才能は、横井を始めとする周囲を驚愕《きょうがく》させただろう。

宮本は悪漢ブルートの代わりにドンキーコング、オリーブの代わりにピーチ姫、ポパイの代わりにマリオというキャラクターを生み出した。ちなみに、この宮本が作り出したキャラクターに名前がつくのは後のことで、最初のドンキーコングでは、ピーチ姫はレディ、マリオは救助マンなどと呼ばれていた。コングだけは、ゲームのタイトルにする必要性からドンキーコングという名前がつけられたが、マリオとピーチ姫については名前はまだなかったのだ。ＮＯＡにキャラクターの図案を送ると、ＮＯＡのマリオという名前の社員とそっくりだということで、マリオと呼ばれるようになったという有名な逸話がある。

数々のグラフィック上の制限がある中で、宮本は、だれもが名前をつけて愛したくなるキャラクターを作り上げてしまった。

**ドンキーコングが上に登っていくデモ画面というのも、最初はなかったんですね。最初はポパイでしたから、オリーブ、ブルートとの関係が誰が見てもよくわかるんですけど、コングの場合は敵対関係がよくわからないので、何とかコングを悪者に見せなければならない。**

敗戦処理のはずが大ヒットし、スーパーマリオへ発展したドンキーコングのチラシ
（資料提供：山崎功）

**そこで女の子をさらって上に登っていく映像を見せれば、ぱっと次の画面に移ったとき、コングが上の方にいれば、登っていけばいいんだなというのがすぐにわかるんじゃないかというわけです。**

こうして、ドンキーコングはNOAに送られ、大ヒットゲームとなる。任天堂にとっても大きすぎる収穫だった。宮本という才能を開花させたこともあるが、その後ゲーム＆ウオッチなどでも大ヒットするドンキーコングというゲームが生まれた。なにより、後の任天堂を象徴するマリオというキャラクターが誕生したのだ。

山内は、交渉が物別れに終わっていたポパイの版権がとれたことを契機に、宮本にゲーム＆ウオッチのポパイゲームを担当させる。これも何百万本も売れる大ヒットゲームとなる。さらに、ファミリーコンピュータが爆発的なヒット商品となると、山内は宮本のために新しい情報開発課を作り、宮本を課長に据えた。ファミコン用のゲーム開発をするセクションだ。

## 現場で仕事ができない横井の悩み

こうして宮本はドンキーコングを契機に、任天堂の中で頭角を現してきたが、横井はどうであったろうか。もちろん、このゲーム＆ウオッチの時代は、任天堂の屋台骨を支える商品を開発した人間として意気揚々としていただろう。誰もが一目置かざるを得ないスター開発者だ。

しかし、横井の仕事の中身は大きく変わっていた。

横井がほんとうに好きなのは、旋盤や機械に囲まれた屋根裏部屋のようなところで、コツコツもの作りをし、できあがるとドアを思いっきり開けて、外の連中にそれを見せびらかすことだった。しかし、横井にもはやそれはゆるされなかった。できるだけ効率的に、横井の発想を商品に転化していくことが要求されたのだ。そのためには屋根裏部屋にこもって、旋盤をいじっているわけにはいかない。若い社員を使って、指示を下し、製品を作らせるというプロデューサーに徹しなければならない。

横井はこの頃から、家族に人間関係の悩みをこぼすことがあったという。人間関係といっても、上司や同僚との問題ではなく、部下とどうつきあうかということだったようだ。おおらかで、紳士的で、人一倍の優しさを持っている横井は、単なる人間関係だけだったら悩むことなどなかっただろう。同じ会社の人間としてただ仲良くするだけなら、なんということもない。横井が悩んでいたのは、部下の才能をいかに引きだすかということなのだ。それは、若い社員にいい仕事をしてほしいという横井の優しさでもあるが、部下の能力を早急に引き上げなければならないというせっぱ詰まった事情もあった。


**私は任天堂時代は、会議で新人社員の口をいかに開かせるかということをずいぶん考えました。若い人が「私なんかが発言したって……」と萎縮《いしゅく》してしまったらもうおしまいですか**

**ら。宴会みたいな会議をしてみたり、自分からあえてばかばかしいことを口にしてみたりとか、ずいぶんと工夫しました。私の新人社員時代は、私みたいな若造の言うことに反対する人がいなかったわけですから、それと似た環境を上に立つ人間が作ってやらなければいけないんですね。**

横井は、任天堂に入社し、自由に仕事をさせてもらったことを心底感謝しているのだろう。新人社員にも、自分と同じような環境を用意することで、第二の横井が登場することを願ったのだ。この話だけ聞くと、横井は優しい上司のように見えるかもしれないが、それは厳しさの裏返しでもある。横井は新人社員がアイディアを出した場合、それが有望であれば、わざわざ社長のところまで連れていき、その新人社員の口から説明させた。部下の手柄を横取りするようなことがあっては、新人社員がやる気をなくしてしまうからだ。ただし、その後、横井はこう付け加えた。

「一度そういう経験をすると、次からいい加減なことを口にしなくなるものなんです」

アイディアを出すというのは、簡単そうで難しい仕事だ。アイディアに富んだ人間を自負する人の中には、ただのその場の思いつきを、考えなしに話しているだけの人がいる。これはアイディアとは呼べない。浮かんできた思いつきを検証してみれば、1000のアイディアのうち999は使い物にならないことがわかるはずだ。999のだめなアイディアをいかに早く没にして、残りの1に到達するか。これがアイディアを出せる人間だ。横井はこうも言っていた。

「もし私が犯罪をするなら、間違いなく完全犯罪です。だめなアイディアは頭の中で没にしている。他人から見ると、私は優れたアイディアを次々と出せる人間だと錯覚するかもしれませんが、だめなアイディアを頭の中で没にしているだけなんです」

横井が新人社員に「いい加減なことを口にしない」と求めたのは、ここだ。だめな999のアイディアを口にするのではなく、早く残りの1にたどり着け。それだけを口にしろということだ。表面的には優しい上司だが、実は仕事の面での要求は高く厳しかった。

このようなアイディアを出す作業を、横井は楽しんでやっていたが、人にそう仕向けるのはかなり難しく、歯がゆい仕事だったに違いない。横井はゲーム&ウオッチで第三の黄金期を迎えていたが、同時に任天堂のレールから少しずつずれ始めていく。

## ファミコンの十字キーを考案

ゲーム&ウオッチのブームがようやく落ち着きだした頃、任天堂はファミリーコンピュータの開発に乗りだしていた。ゲーム&ウオッチで得た利益のほとんどをファミコンにつぎこんだ「社運を賭《か》けた」プロジェクトであった。そして、ファミコンは大きな成功を任天堂に呼び込み、任天堂を日本有数の企業へと押し上げるのだが、その姿を横井は複雑な思いで見ていただろう。

なぜなら、横井はファミコンの開発にはほとんど関わっていないからだ。横井が率いていたのは開発一部。ゲーム&ウオッチの開発が主な仕事だ。そして、ファミコンを開発したのは開発二部。開発二部を率いていたのは上村雅之だった。以前、シャープにいてセンサーの開発に携わり、任天堂に太陽電池を売り込みに来て横井と知りあった。それがきっかけで上村は任天堂に移籍していた。横井と上村が互いに強烈なライバル意識をもっていたことは間違いない。

横井はこれまで長いこと任天堂の中心であった。しかしその中心は、明らかにファミコンに移ってしまった。横井に上村の話を聞いても、口を固く結ぶばかりだったが、エンジニアとして認めざるを得ない気持ちをもっているのは確かだった。ただ、横井が考える「理想の遊び」とファミコンは別の路線であることが気にかかっていたようだった。

横井の理想の遊びとは、子供たちが自分で考えだした遊びの延長線上にある。いわば、かくれんぼや鬼ごっこが横井の考える遊びの原点なのだ。広場に子供たちが集まって、自分たちでルールを決め、そのルールにのっとって行動していく。これが横井の遊びの原点で、部屋にこもって孤独にテレビ画面に向き合っているだけの家庭用テレビゲームは、横井の目には異様に映ったことだろう。

よく世間では「ファミコン以降、子供の遊びが変化した」ということが言われる。ファミコン以前は、友だちが集まって外で遊んでいたが、ファミコン以降、みな孤独になって自室にこもって遊ぶようになったと言う人もいる。

「子供たちが面白いと思うことが、僕たちの子供時代と今とでは違ってしまっているんでしょうか」という質問を横井にぶつけてみたことがあるが、即答だった。

「変わってません。子供の面白がることなんて、人類が生まれた頃から変わってないんじゃないでしょうか」

横井は、任天堂の中で、ファミコンの熱気からは一歩離れたところにいたが、ファミコンのコントローラーや筐体の設計を行っている。その中でも特に重要なのが十字キーだ。十字キーというのは、十字ボタンとも呼ばれ、ファミコンのコントローラーについている上下左右のキーだが、それ以降のゲーム機でも十字キーは採用されている。これ以外にないのだ。任天堂以外のゲーム機メーカーは、方向キーや+キーなどと呼んでいるが、これは任天堂の知的財産を侵害したといわれないための予防策で、原理的に十字キーであることに変わりない。

この十字キーが優れているのは、十字キー全体がひとつの部品でできていることだ。上方向のボタンを押すと、反対側の下方向が浮き上がってくる。こうすることで、指先の感覚で、見なくてもどちらの方向にいれているかがわかる。この十字キーは、ドンキーコングのゲーム&ウオッチ版を作るときに、ジョイスティックを薄いゲーム&ウオッチでどう実現するかというところから生まれた。

## テレビ画面の外で遊ぶ、横井流ファミコン用玩具

横井の考える遊びの路線は、明らかにファミコンとは別のところにあった。ファミコンはあくまでも家庭用ビデオゲームであり、一人で遊ぶのが基本だ。もちろん、後にはマリオブラザーズなど、対戦あるいは協力して二人以上で遊ぶゲームも登場するが、基本はドラゴンクエストのように黙々と一人で遊ぶ。横井はこの感覚がなじめなかったのだろうか、画面の外へ外へと飛び出していくファミコン用玩具を開発していく。ひとつは、先述した「ダックハント」のファミコン版だ。光線銃でテレビ画面に映し出されたカモを撃つというゲームだが、どうしてテレビ画面のカモに光線銃があたるのか、不思議な玩具だ。その仕組みについては、すでに紹介した。

横井はこのような不思議なファミコン用玩具をもうひとつ作っている。「ファミリーコンピュータロボット」の「ブロック」と「ジャイロ」だ。これはアメリカにファミコンを上陸させる戦略商品だった。日本では「とにかく安いテレビゲーム」ということで、ファミコンは売れに売れた。しかし、アメリカでは事情が違った。アタリショックが起きていたのだ。

アメリカでは、日本よりもいち早く家庭用テレビゲームブームが起きていた。アタリ社から発売された Video Computer System ＝ＶＣＳが毎年数百万台規模で売れるという大ブームになっていた。ゲーム市場が急速に膨らんだため、さまざまなソフトハウスがこぞってＶＣＳ用のソフトを開発し、それがさらにＶＣＳの売り上げに貢献するという好循環が続いていた。

しかし、アタリ社ですら、どのようなソフトが発売されているのかがわからないほど、ゲームソフトが乱発された。ゲームの評価をするようなメディアも存在しなかったため、ユーザーは店頭でパッケージだけからゲームを選び、買って遊んでみないことには面白いゲームなのかどうかわからないという状態になっていた。

そして、アタリショックと呼ばれる１９８２年のクリスマス商戦がやってくる。小売店は、とにかくＶＣＳ用のソフトが売れるということで、在庫の確保に奔走した。しかし、ふたを開けてみると、まったくソフトが売れないという事態に直面したのだ。前年のクリスマス商戦では30億ドルの売り上げがあったのに、この年は1億ドル以下になってしまったのだ。小売店は大量の不良在庫を抱えてしまい、倒産するところも続出した。

あまりにたくさんのソフトが次々と発売されたため、ユーザーは買ってみて遊んでみるものの、中にはまったくつまらないできの悪いゲームも多かった。「アタリのゲームはつまらないものが多い」という感覚が、ユーザーの中にできあがり、この年のクリスマスにはみな別のものに興味が移ってしまった。しかし、小売店は「このクリスマス商戦こそ、いちばんのかき入れ時」と思いこんでいたのだ。

アタリショックの影響で、アメリカでは家庭用ゲームに対する拒否反応がおき、パソコンが低価格化したこともあり、ゲームの主流は次第にパソコンに移り始める。任天堂がファミコンをアメリカ進出させようとしていたのは、このような時期だった。もちろん、そのままファミコンを「安価な家庭用ゲーム機」として売り込んだのでは、見向きもされないことは明らかだった。

そこで、横井はブロックとジャイロを開発し、ファミコンは家庭用ゲーム機ではない、いろいろな遊び方ができる新世代の玩具であるという売り方をした。そのため、名称は Family Computer ではなく Nintendo Entertainment System（＝任天堂エンターテインメントシステム、ＮＥＳ）になった。

ブロックとジャイロは、ファミコンで操作するロボット玩具である。ファミコンのゲームと連動して、テレビの前に置いたロボットを操作して、ブロックやジャイロ（コマ）を動かすというものだった。不思議なのは、ロボットとは線で結ばれているわけではないことだ。独立したロボットを、ファミコンのコントローラーで操作できる不思議さがあった。ロボットの目の部分には光センサーが組み込まれていて、これをテレビ画面の方に向ける。テレビに映っているゲーム画面は、ロボットに信号を送るときに明滅する。これでロボットに命令するわけだ。

このようなＮＥＳと連動するロボット玩具は、販売当初、米国ではヒット商品となった。玩具としてある程度のユーザーが確保できたＮＥＳは、その後、「面白いゲームがたくさんある」という評判を得て、アメリカの中でもっとも有名な家庭用ゲーム機となっていく。

# 第5章　ゲームボーイの憂鬱

## ファミコンになじめなかった横井の「遊びの哲学」

ゲーム&ウオッチのブームから10年経ってみると、子供たちの興味は完全にファミコンに移っていた。しかし、横井には部屋の中にこもってファミコンで遊ぶ子供たちの姿はどうもなじめなかった。横井にとっては、子供の遊ぶ姿というのは広場や裏路地で、何人かが集まって遊んでいる光景だ。ベーゴマやメンコ、石けりといった伝統的な遊びが、横井にとっても遊びの原風景だろう。

しかし、ファミコンが玩具《がんぐ》の中心になった今、そのような伝統的な遊びは過去のものとなり、博物館の中で保存されるだけのものになってしまったかのようだ。横井は、なんとか電子玩具と伝統的な遊びを結びつけ、子供たちの遊びを本来の姿に戻したいと考えていた。しかし、横井にもなにをどうすればいいか、まだわからなかった。

一方で、任天堂内での横井の地位も危うくなっていた。ファミコン以前のヒット玩具は、ほとんどが横井が手がけたと言っていい。しかし、ファミコンだけは横井とは無縁のところで生まれ、任天堂を世界企業に押し上げる推進力となっていた。だが、任天堂がファミコンの開発に社運を賭《か》けることができたのは、横井が作ったゲーム&ウオッチで借金をきれいに返済し、潤沢な開発資金ができたからではないか。横井を一人のサラリーマンとして見た場合、心穏やかでいられたはずはない。

「コンピューターは難しいから嫌いや」という横井は「過去の玩具の人」と見られ始めていた。横井がスター開発者であった時代は過ぎ去り、今や任天堂の中心はファミコンを開発した上村や、次々とヒットゲームを生み出す宮本に移っていたのだ。

このときの横井の心の中は横井しか知らない。この時期、横井がどういう思いでいたかを一度だけ聞いたことがあるが、完全黙秘だった。優等生的な答えさえ返ってこなかった。ほんとうに厳しい顔で黙り込んでしまったのだ。

横井はファミコンブームのときは40歳を越えていた。後に「もともと50歳をすぎたら、任天堂を退社して自分の好きな仕事だけをやりたいと考えていた」と言っている。それをいつごろから考え始めたのかという問いにも「さあ、いつごろからでしたかなあ」ととぼけられてしまったが、ファミコンブームが横井をそうさせたことは間違いないだろう。

ただし、それは「任天堂内で傍流になってしまった」などという小さな理由ではない。それよりも、「遊びを創造していく任天堂」の生み出す遊びが、横井の理想とずれ始めてきてしまったことが最大の原因だと思う。ウルトラマシンや光線銃は、友だちが集まって遊ぶ玩具だ。横井は、町々で自分の作り出した玩具で遊ぶ子供たちの姿を見かけて、幸せな気持ちになっていただろう。横井は、もう一度、自分の考える遊びを作っていきたいと考えたに違いない。

## 世界でもっとも普及したゲーム機、ゲームボーイ

当時、横井を「過去の人」「玩具の人」と見ていた人は多かっただろう。事実、横井の得意なフィールドはあくまでも玩具だ。しかし、ここで終わらないのが、横井が普通の人ではないことを証明している。ウルトラシリーズ、光線銃シリーズ、ゲーム&ウオッチと三つのブームを起こしたのだから、後はその財産で食いつないでいってもだれも責めたりしないと思うが、横井はさらにもうひとつ革命的なブームを起こす。そして、ビジネス的にもゲーム&ウオッチを上回る売り上げを記録する。ゲームボーイだ。

ゲームボーイは１９８９年に発売された携帯ゲーム機だが、「携帯ゲーム機」という観点だけから見ていると、全世界で1億１８００万台売れたという広がりは理解できない。ニンテンドーＤＳが２００９年12月に1億２５００万台を突破し、「世界でもっとも普及したゲーム機」になったが、ゲームボーイはそれまでの間、20年近く「世界でもっとも普及したゲーム機」であり続けた。

ゲーム&ウオッチはひとつの本体でひとつのゲームしか遊べない。そこで、カセットを交換することでいろいろなゲームが遊べるようにするマルチソフト化という発想は、だれにでも思いつく。ゲームボーイがここまで世界中に広がったのは、単にゲーム&ウオッチのマルチソフト化というだけでなく、横井なりの新しい感覚が付け加えられ、そこがヒットの導火線となったのだ。そして、それは横井が理想とする「遊びの感覚」に近いものだった。通信対戦である。

横井の作品としても、任天堂の玩具としても、現在あまり知られていない「コンピュータマージャン」という玩具がある。ゲーム＆ウオッチのブームの最中、横井が開発したものだが、セールス的にはぱっとしなかった。しかし、私は横井を語る上で外せない重要な玩具だと考えている。

コンピュータマージャンは、液晶の携帯型ゲームで、コンピューターとマージャンの対戦ができるというありふれたものだ。

**ひどい話なんですが、コンピューター側は最初からテンパっていてね、人間がある程度上がらないとコンピューターが勝手に上がる仕組みなんです。こんな話聞いたら、やる気なくしちゃうでしょうけど。振りテンになっちゃうと、そこの部分だけこそっと入れ替えちゃうんですね。後でわかったんですけど、バグがありましてね。白が５枚あるんですよ。カンしているのに、もう１枚白が出てくる（笑）。**

携帯型ゲーム機としては価格も高く、ゲーム内容も大人向けだ。しかし、このコンピュータマージャンの最大の特長は、通信ポートがついていて、２台をケーブルで接続すると対戦ができるという点だ。「通信対戦できる携帯ゲーム機」としては世界初ではないだろうか。

なぜ、通信機能などつけたのか。

あまり深く考えていなくて、車の中で対戦できるようにと、それだけなんですね。今から考えると珍しいことなのかもしれませんけど、当時は何の抵抗もなく、「二人で線をつないで対戦できなければしょうがないじゃないか」ということになっていました。ハードウェアの問題だけでしたからね。

この「対戦できなければしょうがないじゃないか」という感覚が、横井の天性のものではないかと思う。買う方は「対戦できなければしょうがない」とは特に考えないと思うのだ。実際、このコンピュータマージャンが「通信対戦ができる」ということで話題になったり、売れたりしたわけではないのだ。しかし、この「対戦できなければしょうがない」という横井の感覚は、ゲームボーイの爆発的なヒットの最大の要因となる。

ゲームボーイの開発は、ゲーム&ウオッチが一段落してから、なんとかそれをマルチソフト対応（ソフトウェアを取り替えられる）にしなければならないということで、二人の部下に命じたのがそもそもです。コンセプトはすでに私の中で決まっていた。モノクロで、マルチソフトでと。

仕事としてはルーチンワークと言っていいだろう。ゲーム＆ウオッチがあれだけ売れたのだから、「ソフトが取り替えられるゲーム＆ウオッチ」というのは当然開発しなければならない。しかし、簡単ではなかった。横井は、販売価格をファミコン以下に設定することを命じた。ファミコンは1万4800円だから、1万円少しの価格にしなければならない。しかし、それは原理的に不可能なことだった。

ファミコンはCPUとコントローラーだけで、モニタは家庭のテレビを利用する。しかし、ゲームボーイはCPUとコントローラーとモニタまで備えなければならない。液晶モニタの価格が高すぎて、どうコスト計算してもファミコンより高くなってしまうのだ。そこで、横井はゲームボーイをモノクロ画面にすることにした。

## カラーは遊びの本質ではない

モノクロよりカラーの方がいいじゃないかとほとんどの人が思うかもしれないが、実は当時、カラー液晶はさまざまな問題があったのだ。誰もが考えつくのは「製造コストが高くなる」ということだが、横井が気にしたのは電池寿命と液晶の見づらさだった。今、携帯電話などではカラー液晶があたり前で「見づらい」と言われてもピンとこない人が多いだろうが、カラー液晶はバックライトを必要とする液晶なのだ。液晶の背後には、小さな蛍光灯が配置されている。この蛍光灯が光り、液晶のカラーフィルターを通して見るので、さまざまな模様が目に入ってくるというわけだ。もし、バックライトがないと画面はほとんど見えない。つまり、カラー液晶は常にバックライトをつけておかなければならない液晶なのだ。当然、バッテリーを多く消費することになる。

しかも、数年前までバッテリーを節約するために、バックライトは明るくなかった。そのため、屋外で液晶画面を見ようとすると、太陽光に負けて非常に見づらいものとなってしまっていたのだ。

古いデジタルカメラを使ったことがある人は、液晶モニタが見づらい思いをした経験があるだろう。ゲームボーイの発売当時は、当然バックライトは弱い。屋外で見づらい携帯ゲーム機などは欠陥品に近い。

持ち歩いて遊ぶゲーム機であれば、当然、乾電池で動かなければならない。それも10時間とか20時間保《も》たなければ、ゲーム機として役に立たない。

**当時、カラー液晶テレビなんかもありましたけど、電池寿命が1時間半だとかだったんですね。しかも、バックライト液晶というのは屋外の明るいところでは見えないんです。ですから、モノクロという選択しかなかった。**

しかも、横井はゲームにとって「カラー」というのは必須の要素ではないという。

**私はいつも「試しにモノクロで雪だるまを描いてごらん」と言うんです。黒で描いても、雪だるまは白く見えるんですね。リンゴはちゃんとモノクロでも赤く見える。**

ファミコンは、その後、スーパーファミコン、NINTENDO 64、ゲームキューブと進化していく。主な進化のポイントは、CPUの高速化と表示色数だった。横井は当然この流れに懐疑的だった。これは遊びの本質ではないと言う。

**ファミコンやゲーム&ウオッチ、ゲームボーイの世界では、一生懸命新しいゲームを考えるという姿勢があったんです。向こうが碁を考えたら、こちらは将棋だというようなね。ところがある程度までいったら、やることがなくなってきた。そうすると、テレビゲームは、色をつけたら新しさが出るんではないかという動きになった。でも、これは作る側からいったら、落ちこぼれなんですね。アイディアをひねり出すんじゃなくて、安易な方へと流れている。そうなると、任天堂のようなゲームの本質を作る会社ではなくて、いずれ画面作り、CG作りが得意なところがのしてくるだろうと。そうしたら、任天堂の立場はなくなってしまうんですね。**

横井の考えは、この当時の技術的なレベルでは、モノクロしか選択肢がない、しかもモノクロであっても「遊びの本質」は少しも失われないという結論だった。

## 人生最大の失敗

こうして、ゲームボーイの開発が進んでいくが、横井はここで大失態をする。横井はこの大失態を、苦虫を嚙《か》みつぶしたような顔で語った。

**あれは人生最大の失敗です。一時期は真剣に自殺することも考えました。**


ゲームボーイに使われたのは、「枯れた技術」となった液晶モニタだった。使い慣れた液晶なので、横井も油断していたのだろう。シャープ側から液晶の試作品ができたというので見にいき、特に問題がなかったので「あ、これでいいね。うまくいったね」と言って帰ってきた。

その横井の判断を元に、シャープは40億円をかけて専用の液晶工場の建設を始めてしまった。

ところが、しばらくして、山内社長がその試作品を見るなり、声を荒らげた。

「なんやこれ。見えへんやないか」

液晶が見づらいというのだ。

「どうすんや、これ。こんな見えへんの売られへんぞ。売るのやめや」

短い言葉だが、発売中止命令だ。おおごとになった。シャープはすでに工場の建設を始めている。横井は絶望的な窮地に追い込まれた。

液晶というのは、現在でもそうだが、どの角度から見てもきれいに見えるわけではない。ご自宅の液晶テレビを斜め横から、あるいは斜め上から眺めてみていただきたい。色がかすれて見づらくなることがわかるだろう。液晶はどんな液晶であっても、きれいに見える角度があり、これは視野角といわれている。現在の液晶は改良により、この視野角がだいぶ広くなったが、当時の液晶は視野角が10度しかないというものも多かった。

つまり、液晶を製品に利用するときは、ユーザーがどのような角度で液晶を見るかをきちんと把握して設計しなければいけない。ゲーム&ウオッチは座った姿勢で両手の手のひらの中に持ち、ひざの上に軽く置いて遊ぶ。あるいはテーブルなどの上に肘《ひじ》を突いて遊ぶ。この場合、真正面よりもやや下側から液晶を見ることになる。そこで、ゲーム&ウオッチの液晶は斜め下5度がもっともよく見える特性をもっていた。横井はシャープに試作品の液晶を見にいったとき、無意識にこのゲーム&ウオッチの「斜め下5度」から見てしまい、「これでいいですね」と言ってしまったのだ。

ところが、山内社長はゲームボーイの筐体《きょうたい》に液晶が取りつけられた状態で試作品に触れた。ゲームボーイは縦長で下側にボタンや十字キーがついているので、下側を持って、上部の液晶は手のひらからはみ出す形になる。この姿勢では、「斜め上5度」から自然に見ることになるのだ。山内社長は、自然にゲームボーイの試作品を正しい姿勢で手に取り、「見えへんやないか」と指摘したのだ。

横井はほんとうに絶望した。

**それからの半月間は、食事ものどを通らない。義理の兄が医者で、血液検査してもらったら栄養失調で、「戦争中ならともかく、いまどき聞いたことがない」とびっくりされました。自殺も考えたぐらいで、もうなにものどを通らない。**

読者の中には、タフな仕事をされているビジネスパーソンも多いだろう。毎日、現場で格闘をしている読者から見ると、この横井の絶望ぶりは大げさに感じるかもしれない。社運を賭けた製品に、発売直前に問題が生じるなどということは起こりうることだ。確かにきついトラブルだけど、それで自殺を考えるようでは命がいくつあっても足りない。しかし、横井が絶望するのは無理もないのだ。もし、ゲームボーイが世に出なければ、横井は生きている理由を見いだせなくなっていたからだ。

横井は、ファミコンがいずれCPU競争、色数競争に巻き込まれていくことを予感していた。それは5年後、松下電器（現パナソニック）から3DO REAL、ソニーからプレイステーションが発売されて現実のものとなる。任天堂は遊びの本質を作る会社なのに、技術競争に対応していかざるを得なくなる。

そうなると、横井タイプのゲーム開発者は用なしになってしまう。コンピューターグラフィックに長《た》けたゲームクリエイターがもてはやされ、任天堂は次第に傍流に流れていかざるを得なくなるだろう。それは任天堂の危機でもあるが、「遊び」の危機でもあった。横井は、遊びの本質で勝負できるゲームボーイをなんとか世に出して定着させたかったのだ。

もうひとつは、横井の仕事に隙が生まれてしまったことだ。ゲームボーイは実質的な作業はすべて開発一部の社員たちが行っており、横井はコンセプトワークや作業のチェックやアドバイスをするプロデューサーとして開発を統括していた。横井の率いる開発一部には優秀なエンジニアがそろい、横井は安心して仕事を部下にまかせられる状況になっていた。そこに横井の隙が生まれた。

もし、横井が図面を引いて、ハンダごてを握って、ゲームボーイを自らの手で作っていたら、シャープの試作液晶を見たときに、あのようなミスはしなかっただろう。あらゆる角度から検討して「おや？」と気がついたはずだ。横井にはこのミスは相当に悔しかったはずだ。いちばん嫌う「ぼんやりしていたために起きたイージーミス」だったからだ。それを自分がしでかしてしまった。横井は、「もっと現場の中に入っていく仕事がしたい」と思ったのではないだろうか。

横井の社会的地位は、自分が思っている以上に高くなっていた。横井が手がけているのは小さな玩具だったが、それは数千億円を売り上げる玩具だった。任天堂もすでに京都のローカル企業ではなく、グローバルなビジネスを展開し、日本を代表する企業になっていた。

その会社の開発部長が軽い気持ちで「いいね。うまくいったね」と言ったことで、シャープは液晶工場を建設してしまう。すべてが大きくなりすぎ、横井は偉くなりすぎていた。横井が好きなのは、開発を進めながら、みんなであーでもない、こうでもないと楽しく議論をする瞬間なのだ。任天堂を大きくしたのは横井の功績だが、横井一人ではどうにもできないほど任天堂は大きくなっていた。

『横井軍平ゲーム館』のインタビューは数日にわたって、朝から晩まで行われた。ある日、昼の食事どきになって、横井が「昼ご飯を食べにいきましょう。話はそこでもできるから」と言う。そして、横井が愛車を運転して、私と編集者をなじみの店に連れていってくれることになった。近くのコインパーキングから車を出してきた横井は、私たちを乗せた途端に「あの駐車場が問題なんや」と言う。なんのことかわからず聞き返すと、そのコインパーキングは横井の知人が経営しているものなのだが、料金を払わずに車を出してしまう人が続出しているのだという。車を駐車すると、羽根がせり上がって、車が出せなくなる仕組みだが、無理やり乗り越えてしまうことができるのだという。

「どうやったら、逃げられないようにできるか、ちょっと考えてみてくれと頼まれてるんです」と言う。私は、ほんのその場の思いつきで「羽根の先に、パイプのようなコロをつけてみたらどうでしょう。乗り越えようとしても、タイヤが空回りして、乗り越えられなくなるんじゃないでしょうか」と言ってみた。

横井は私の顔を見て「おっ」と反応した。

「ちょっと待てよ。今、車というのは前輪駆動が多いわな。これが前向き駐車だった場合は、駆動輪じゃないタイヤが先に乗り上げるから……後輪駆動だったらどうなるんだ？」と、私の思いつきのアイディアを検討し始めたのだ。横井は、こういう場合どうなる、ああいう場合はどうなると矢継ぎ早に質問してきて、私はもう答えられなくなってしまった。

すると、横井は「でも、タイヤが空回りしたら、車の腹が羽根に当たって壊れたりして、駐車場のオーナーがどやしつけられるわな。このアイディア、あかんか」といって大笑いしだした。

横井は任天堂を退社して、コインパーキングの機器を開発しようとしていたわけではない。これが横井流のコミュニケーションなのだ。こういうときの横井は実に楽しそうで、上品な青年の笑顔を見せ、やがて子供の顔になって爆笑する。横井はこういう時間をたっぷりと取りながら仕事を進めたかったはずだ。

## 通信対戦という新しい遊び方

しかし、そのときの横井にはそんなことを考える余裕もなかった。とにかくゲームボーイを発売しなければ、たいへんな事態になってしまう。幸い視野角の点で問題のない液晶をシャープは製造していた。ＳＴＮ液晶と呼ばれるもので、視野角やコントラストの点では問題のないものだった。ただし描画速度が遅すぎて、ゲームを表示すると大量の残像がでてしまい使い物にならない。横井は、その残像だらけの液晶にかけてみるしかなかった。

描画速度をあげればコントラストが落ちて見づらくなる、見やすさを優先してコントラストをあげると描画速度が遅くなる。そのちょうどいい線を狙わなければならない。後でわかったことだが、人間の目はけっこういい加減で、コントラストを思った以上に落としても問題のないことから、描画速度を優先する液晶のデータをとることに成功した。

**それで社長のところに試作品を持って飛んでいきました。勇んで試作品を見せたら、横目でちらっと見ただけで、「ああ、これやったらいいやんか」と、それだけ（笑）。もう、がっくり力が抜けました。社長にしてみたら、さほど大きな問題とは思っていなかったんですね。**

こうして、ゲームボーイは世に出ることになった。ソフトが取り替えられる携帯ゲーム機というのは、今までにない新しい玩具だった。しかし、その物珍しさだけで売れたのではない。面白いゲームがあったからだ。その中でも突出して人気を呼んだのが「テトリス」だった。ゲームボーイ用テトリスは４２４万本を売り上げた。ゲームボーイ用ソフトの中ではもっとも初期に発売されていながら、未《いま》だにセールス記録を保持している。

テトリスはロシアの科学者アレクセイ・パジトノフが開発したゲームで、アーケードゲームでは80年代末に大人気となった。落ちてくるブロックをコントロールして、パズルのように組み合わせ、消していくという、いわゆる「落ちものゲーム」の元祖だ。しかし、すでにファミコンやパソコン用にも数多く移植され、さすがのテトリスブームも沈静化している頃だった。それがゲームボーイの登場で、テトリスブームが再燃したのだ。

その秘密は通信対戦にあった。２台のゲームボーイをケーブルで接続すると、対戦テトリスが遊べるのだ。それまで二人用のテトリスもあったが、あくまでも点数を競う、速さを競うというものだったが、ゲームボーイのテトリスは、こちらが速く消すと、相手の画面にじゃまをするブロックが落ちていくという「攻撃型テトリス」だった。これは新しかったし、子供たちは興奮した。しかも、ゲームボーイを持っていないと仲間に加われないので、親にねだってゲームボーイを買ってもらうという相乗効果も生まれた。ゲームボーイの爆発的なヒットの鍵《かぎ》は、通信ポートであり「攻撃型対戦ゲーム」であった。

ゲームボーイ発売から7年経った１９９６年、さすがのゲームボーイのブームも沈静化しようとしていた。しかし、ゲームボーイの寿命はまだ終わらなかったのだ。あの「ポケットモンスター」が登場したのだ。シリーズ累計で1億９０００万本以上売り上げたという文字通りのモンスターソフトだ。

ポケットモンスターの基本構造は、昔からあるロールプレイングゲームで、捕獲したモンスターを味方にするというアイディアも特に新しいものではない。しかし、圧倒的に斬新《ざんしん》だったのは、捕獲したモンスターを友人と交換したり、モンスター同士を戦わせたりできることだった。このような交換や対戦は、通信ケーブルを使って行う。つまり、見た目はロールプレイングゲームだが、実は「虫取り」ゲームというのが本質で、つかまえたカブトムシを友人にあげたり、カミキリムシと交換したり、あるいは相撲を取らして競ったりと、伝統的な遊びの感覚がそのまま再現されている。

ゲームボーイはポケット、カラー、ライト、アドバンスと改良を施されながら、2004年にニンテンドーDSが発売されるまで、携帯ゲームの主役であり続けた。実に15年もの間、主役であり続けた規格など、コンピューターやゲーム機の世界では他に存在しない。

## 顔を向き合わせて遊ぶゲームボーイ

私は、ゲームボーイに横井がなぜ通信ポートをつけたのか不思議でならなかった。インタビューの際、ここはしつこく聞きたいポイントだった。ゲームボーイを開発する時点では、後の対戦テトリスやポケットモンスターの登場を予見することはできない。横井は常々「技術者は余計なものを詰めこみたがる。なにが必要かを考えるのではなく、なにが不必要なのかを考えるべきだ」と言っていたので、ゲームボーイ開発時に通信ポートは「不必要なもの」と考えてもおかしくない。

技術者は通信ポートをつけたがる。なぜなら、通信ポートがあればさまざまな展開が可能になるからだ。たとえば、周辺機器を接続することができるようになる。ファミコンも通信アダプタという通信機器が発売され、電話回線に接続すると、株の取引がファミコンでできるようになるというものがあった。こういう別の展開ができるわけだが、携帯型ゲーム機に周辺機器をつけるというのは、だれも望んでいなかっただろう。

「なぜですか。どういうことを期待していたんですか？」としつこく尋ねても、横井は首をひねるばかりだった。

「まあ、通信ポートをつけてもコストは数十円しか上がらないし、つけておけばそれを利用した面白いゲームも出てくるだろうと」

「でも、ゲームボーイはコスト計算がものすごく厳しかったと横井さんご自身がおっしゃっている。そこに数十円の通信ポートは不要と決断することはなかったんですか？」

「いや、通信ポートがなかったら、遊びにならないでしょう」

「遊びにならないとはどういうことです？　もう少し詳しく話してください」

「うーん、自分でもよくわかりませんな。ただ、つけておくのがあたり前と思っていたので……」

こんなふうに同じところをぐるぐる回っているだけのやりとりが続くだけだった。

別のときに、私は横井とこんな話をした。テレビゲームで友人が集まって遊ぶときは、全員がテレビの方に顔を向けてしまっていて、互いの顔を見ることがない、あれはちょっと薄ら寒いものを感じるという話だ。横井は私の顔を見て、「人と会っている、いっしょにいるということは互いの顔を見なくてはいけないよね」と言う。私が「ゲームボーイはそこが素晴らしいんです。対戦するときは、互いが向かい合って、画面と相手の表情を見ながらプレイする。ここがゲームボーイが長く遊ばれる理由だと思うのです」と言うと、横井は満足げにうなずいていた。

横井にとって「遊び」とは、何人かの友人が集まって遊ぶことで、一人で遊ぶのは友だちがいなくてしかたないときにすることだった。「コンピューターは難しいから、嫌いや」という横井の言葉は、ただ技術的なことだけを言っていたのではないように思う。コンピューターと対戦すると、どうしても一人遊びになってしまう。そこに、横井の生理は拒否反応を示していた。

「通信ポートをつけるのがあたり前」というのは、コンピューターを使っても一人遊びさせないための、横井の脱出口だったのではないか。そのゲームボーイの脱出口が、世界の子供たちに受け入れられ、コンピューターは一人遊びから、二人遊び、三人遊びする道具へとなった。横井の発想と感覚が世界中の子供たちに伝わったのだ。

横井は第四の黄金期を迎えた。

# 最終章　バーチャルボーイの見果てぬ夢

## 商業的には失敗作となったバーチャルボーイ

さて、横井ファンの私としては、いちばん書きたくない部分に差しかかってしまった。もし、この本を読まれている方が横井ファンだとしたら、読み飛ばしたくなる部分になるかもしれない。バーチャルボーイだ。3次元空間の中で遊べるというかつてなかったゲーム機だった。

しかし、結論からいえば商業的には失敗に終わった。それもしかたのないことだった。世の中はスーパーファミコンの時代になって、親たちは子供があまりにファミコンに熱中することにいらだち始めていた時期だ。バーチャルボーイは、大きなゴーグルと、スーファミにコントローラーという構成だが、ゴーグルが重すぎて、手に持つにはつらすぎるし、ましてや眼鏡のようにかけるわけにはいかない。

そのため、三脚の上にゴーグルを設置し、そこに顔をつけてのぞきこむようにプレイするのだ。その姿を傍から見ると、まっとうな親だったら鳥肌が立ってしまうだろう。自分の子供が、機械の作りだすバーチャルな世界に連れ去られてしまうような恐怖さえ感じる。しかし、そのことは横井自身がいちばん痛切に感じていたはずだ。

バーチャルボーイのプロジェクトは、なかなか横井の狙った通りに進まなかった。

**最初は、サングラス程度の軽くて小さいものということでやっていたんですけど、実はC**

**PUがものすごい妨害電波を発生するんですね。それがノイズとなってしまう。そういうことを抜きにして、電波法の関知しないところで作れば、サングラス程度のものにもできるんですね。いずれ技術的にも可能になるとは思いますね。**

現在でも、航空機の中では不測の事態を招くことを防止するために、携帯電話や無線LAN機器の使用は制限されている。バーチャルボーイは、確かに回路から電波を発生するが、現在だったら微弱な電波なので問題にもならない。ただし、バーチャルボーイの場合、本体のすぐ近くに顔をもっていくのが問題で、人体に対する影響があるため、より確かな遮断構造が求められる。そのために、ゴーグルがどんどん重く大きくなってしまったのだ。

しかし、バーチャルボーイのゲームは確かに面白く、可能性を感じさせる。たとえば、ピンボールゲームでも、リアルな世界では目の前の台の中でボールが跳ね返るだけのことだが、バーチャルボーイは目の前に大草原のように広々とした空間が広がり、その空間をボールが縦横無尽にかけめぐるのだ。バーチャルボーイは、今、映画やテレビで定着しようとしている3Dに先駆けていたのだ。

3Dの原理は実に単純である。人間には目がふたつあり、左右の目は数センチ離れているので、それぞれの目が立体を少し違った角度から見ている。この左右の目の映像を脳内で合成して、立体を認識しているわけだ。これを利用して、左右の目に別々の映像を見させることができれば、人間は立体感を感じることになる。横井はこの3Dにゲームの新しい展開を読み取った。

### ゲームの進化というジレンマ

この頃の横井は、ゲームのあり方に大きな問題点を感じていた。それは任天堂がファミコンで大成功を収め、次世代機のスーパーファミコンも大成功、そしてNINTENDO 64の開発が始まっていた頃の話だ。横井は、このある意味「ゲーム機としての当然の進化」に懸念をもっていた。

**ファミコンからスーパーファミコンへ移るときに、「こんな難しいゲームはもうついていけない」という人がずいぶん出た。新しいゲームを遊ぶ人は投入する金額が大きいですから、一見売り上げはいいようですけど、ゲーム人口という面では減少しているわけです。NINTENDO 64でも同じことが起こる。**

実際にファミコン、スーパーファミコン、NINTENDO 64の国内売り上げ台数は1935万台、1717万台、554万台と減少し、世界市場でも、6191万台、4910万台、3293万台と減少傾向が続いた。横井がこの傾向を心配したのは、売り上げ台数の問題だけではない。ゲームそのものが面白くなくなっている傾向を感じ取っていたのだ。

　このゲームの進化は「性能の進化」と呼ばれ、他の家電製品やデジタル製品、自動車と同じように、年々便利でいいものが安価で作れるようになっていく、ごくあたり前の技術の進化なのだと世間では受け入れられた。だれも不思議に思わず、当然のことだと感じていたが、横井は違った見方をしていた。

　ゲーム機の性能が進化していくとは言うが、実は画面の進化にしかすぎない。画質の進化と言ってもいいかもしれない。ファミコンは256×224ドット、52色という「画質」だったが、スーパーファミコンでは512×478ドット、3万2768色、NINTENDO 64では640×480ドット、1677万色と、画面の解像度、色数ともに増えている。この他にも、スプライトやマッピングといった立体感や動きを表現するための機能がどんどんつけ加わっている。なんのことはない。ちょうど、アナログテレビが地デジやハイビジョンになったような話だ。

　地上デジタル対応のテレビに買い替えた方で、こんな感想を持った方はいないだろうか。

「確かに画面はきれいになった。大きくなった。でも、放送される番組は同じだし、むしろ以前よりつまらなくなっている」。最近のテレビは観るものがなくて、とはあちこちで聞く嘆きだ。若い世代が、地デジテレビに見向きもせず、iPhoneでYouTubeなどの映像サービスに走るのには、それなりの理由があるのだ。横井が、自社のゲーム機に感じ取っていたのも、同じ危機感だった。

横井は何度となく、「向こうが碁を考えたら、こちらは将棋を考える」という言葉を口にしていた。つまり、ゲームが面白いかどうかが重要で、その表現である画質は二の次だという意味である。横井は面白い遊びを考えることこそが自分の仕事だと考えていた。ファミコン、スーファミ、NINTENDO 64と進化する中で、ゲームそのものも複雑化していった。シリーズ物のゲームでは、パート1を遊んだユーザーがパート2を買ったとき、新しい要素がなければ飽きられてしまうという不安から、ゲーム開発者はゲームの内容を複雑にしていく。しかし、1を知らずに2を初めて買う新しいお客さんたちにとっては、複雑なゲームにしか映らないだろう。こんなことをやっていたら、いずれ画面作りが上手なところ、マニア向けゲームを作るのが上手なところが、ゲーム業界を引っ張っていくことになる。任天堂は画面作りやマニア受けが上手な企業ではなく、新しい遊びを提案できるところに強さがあるとも、横井は考えていた。

この横井の危機感は、1994年にソニーからプレイステーションが発売されたことで、現実のものとなる。当初は出足が鈍かったものの、最終的には累計1億台を超える大ヒット商品となったのだ。後発のNINTENDO 64は勝負にならなかった。

この時期、もう任天堂はゲーム市場から退場することになるかもしれないと見ている人たちもいた。それほど任天堂の影は薄くなっていた。横井が以前から抱いていた懸念が、次々と現実になっていったのだ。

さらに、任天堂がファミコンで築いてきたビジネス生態系も、時代に合わなくなってきていた。この時代、なにかと批判にさらされたのが「初心会」である。任天堂がファミコンを普及させる上でもっとも恐れていたのは「アタリショックの轍《てつ》を踏んではならない」ということだった。アタリ社のようにだれもが自由にゲームソフトを開発、販売できる状態にしておくと、しだいに金儲《もう》けだけを目当てにした粗製乱造のソフトが出てきて、全体の質が下がり、客から飽きられてしまうことが必ず起きる。また、子供向けとしてはふさわしくない暴力的な内容や性的な内容を含んだゲームも出てきて、社会的な批判を浴びることも考えられる。

そこで任天堂は、ファミリーコンピュータとファミコンの商標を取得し、任天堂の了解がなければ、パッケージにこの商標を使えないようにし、なおかつソフトのロムカセットの生産は任天堂が一括しておこなうようにした。つまり、任天堂が認めたものでなければファミコン用ソフトを発売できないようにしたのである。こうして、任天堂はソフト生産を管理し、質の低下がおこらないようにしたのだ。任天堂の許可を得て、ファミコン用ソフトを開発するには、親睦団体である初心会に入会する必要があった。

ファミコン、スーパーファミコンの時代には、この初心会システムはうまく機能し、ファミコンは大成功するが、ＮＩＮＴＥＮＤＯ 64の時代になると、むしろこれが足かせとなってきていた。ソニーはこの「だれもが自由にソフト開発に参入ができない」という点をつき、プレイステーションでは事実上自由にソフトが開発できる仕組みをつくりあげ、なおかつ子供だけでなく若者にも積極的にアピールし、ゲーム人口のすそ野を広げた。その結果、ヒットゲームである「ファイナルファンタジー」を開発していたスクウェアがプレイステーションに乗り換えるなど、多くのサードパーティが任天堂から離れていった。

スクウェアが任天堂を離れたのは、プレイステーションが築いた市場の大きさもあったが、ハードウェアの性能という問題もあった。後に映画化されるほど緻密《ちみつ》なグラフィックを売りにしていた「ファイナルファンタジー」の世界を表現するには、より性能の高いプレイステーションというゲーム機が魅力的に映ったのだ。まさに、横井が予言した通り「絵づくりが得意なところがのしてくる」状態になったのだ。

NINTENDO64では、任天堂が自ら開発した「スーパーマリオ64」や「ゼルダの伝説」などのヒットゲームも登場するが、全体ではプレイステーションに及ばず、ファミコン以来任天堂が守ってきた家庭用ゲーム機ナンバーワンの座をプレイステーションに明け渡すことになる。

横井にはもうひとつファミコン以外の場所で、新しい遊びを提案しなければならない理由があった。それは、横井は任天堂の社内で、ファミコンとはまったく別のラインにいたことだ。確かにファミコンの十字キーや筐体《きょうたい》も横井の仕事だし、ファミコン用のゲームも数多くプロデュースしている。しかし、ファミコンそのものは横井とは関係のないところで動いていた。社内での地位を保つためにも、ファミコンではないヒット商品が横井には必要だった。

それがゲーム&ウオッチの進化版、ゲームボーイだった。バーチャルボーイの企画に入った頃は、ゲームボーイのブームが沈静化した頃だった。当然、手なれの仕事として「ゲームボーイのカラー化」があったが、横井はもっと大きい仕事を狙っていた。

なぜなら、横井は任天堂を退職することを心に決めていたからだ。

## 50歳からの第二の青春、株式会社コト

横井が任天堂を退社した理由については、世間ではさまざまなことが言われている。ひとつは、失敗商品となってしまったバーチャルボーイの責任をとって退社したというもの。もうひとつは山内溥社長と不仲になったというもの、このふたつに集約されるだろう。しかし、どちらの説も横井自身が完全否定しているし、私もこのふたつの説はまったくの的外れだと思っている。

横井はこう言っていた。

「任天堂で私がなにか新しい企画をすると言ったら、それは売り上げが何千億円の商品でなくてはならない。それはそれでやりがいのある仕事だけど、売り上げ何百万円という小さな仕事も面白い。50歳をすぎたら、そういう小回りの利く仕事を楽しみながらやっていきたいという気持ちが強くなってきた」

おそらく、横井の仕事の原点はウルトラハンドにあるのだろう。なにも考えずに任天堂に入社し、考えてもいなかった抜擢《ばってき》を受け、しかも玩具《がんぐ》製作に精通している上司などいなかったために、なんでも自由にやれた。すべてを自分で考えてやらなければならないというたいへんさはあったものの、それだけにヒットしたときの快感は大きい。

横井は第二の人生で、自分がいちばん楽しかった頃、生き生きと生きていた頃を再現しようとしていた。家族の話でも、任天堂時代は人間関係に悩んでいたという。人間関係といっても、上司や同僚とうまくいかないといった種の悩みではない。どうやったら部下の才能を引きだせるかということで、悩みに悩んでいた。横井は『横井軍平ゲーム館』のあとがきにこう書いている。

**任天堂開発部長時代、部内では人の上下関係をできるだけ取り除く雰囲気作りを心がけ、「部内に一歩入れば部長も課長も平社員もみな同じ」を提唱していた。これを部員は「ヨコイズム」と呼んでいた。**

**ある年の暮れ、部内の忘年会が企画された。部長1万円、課長8000円、その他5000円が会費だった。その忘年会の冒頭、幹事から部長の挨拶《あいさつ》を仰せつかり話を始めた。「私は常々人の和を大切にするように呼びかけていました。部内では部長も、課長もなくみな対等になろう、という心がけが部内のなごやかな雰囲気を作ってきたと思います……なのに部**

**長の会費が1万円とはどうゆうことだ」。**
**神妙な態度で聞いていた部員がズッコケたのは言うまでもない。**

会費云々《うんぬん》の点は横井流のジョークだとしても、横井が「上下関係を作らない」ことに腐心していたのがうかがえる話だ。これは横井がリベラル寄りの考え方の持ち主だということもあるが、それよりも横井が部内に、自分のウルトラシリーズ時代の環境を再現したかったことが大きい。横井は自分の成功体験と同じ環境を部下にも提供しようとしていた。そして、自分の第二の人生でも、その成功体験と同じ環境を作ろうとしていたのだ。横井の退社理由はここにあり、横井の「50歳をすぎたら、自分の好きな仕事だけを楽しんでやりたい」という言葉に嘘はない。

あたかも「余生を過ごす」的な言い方で、あの横井がそんな後ろ向きなことを言うとはなかなか信じられないということから、世間はいろいろ憶測をすることになるが、これが横井の退社の理由で、それ以外の理由はないと思う。ただし、横井は第二の人生を「余生を過ごす」というようなのんきなものとは考えていなかったと思う。

横井が率いていた任天堂開発一部は、大きく重くなりすぎていた。仕事の規模は大きくなり、それだけに細心の注意を払い、重圧も決して小さなものではなかっただろう。横井が大好きだった「思いつき」をそのまま商品化していくなどという方法では、自分の責任を果たせなくなっていた。横井は、退社し、新たな会社を設立して、〝あの頃の〟任天堂を再現しようとしていたのだ。

実際、横井が退社し、1996年に設立した「コト」は、決してのんきで暇が多い零細企業ではなかった。小さな景品のような企画から、後にバンダイから発売される携帯ゲーム機「ワンダースワン」の開発という大きな仕事まで忙しく回していた。コトは横井の第二の青春だったのだ。

## 辞表を書いても失敗の責任はとれない

「バーチャルボーイ失敗の責任をとって退社した」説は、世間がもっとも考えたがると思うが、それは任天堂や、山内溥社長、横井軍平という人間を知らないから、そう考えることになる。

任天堂は、離職率が極めて低い企業で、定着率は95パーセントを超え、企業の定着率ランキングでも常に50位以内をキープしている。ゲーム開発というクリエイティブな業界では、移籍、引き抜きということが日常茶飯事だが、任天堂だけは公務員並みの定着率をほこっているのだ。

もちろん、好待遇ということもあるが、一部上場企業には珍しい家族的な雰囲気のある企業なのだ。

任天堂で、失敗のプロジェクトの責任を取るために辞表を書くなどということは、極めて考えづらい。

また、山内と横井の二人は、より高い次元で仕事をしていた。横井に「仕事で失敗をしたら辞表を書くという世間にありがちな行為をどう思うか」という意味の質問をしたら、横井は大笑いして「だったら楽でいいよね」と答えた。失敗をしても辞職すればゆるされるなどという甘い考えを横井はもっていなかった。1973年にレーザークレーで失敗した横井は、辞職などということはまったく考えなかった。先に触れたように、レーザークレーの失敗の原因はオイルショックであり、横井のせいではまったくなかったが、それでも横井は責任を感じていた。横井の責任の取り方とは「失敗で迷惑をかけた分以上のヒット商品を開発する」こと以外なかった。そして、ゲーム&ウオッチでみごとに責任を果たすのである。バーチャルボーイの失敗の責任の取り方についても、横井は「ヒット商品を生み出す」ことしか頭になかっただろう。

また、社長の山内溥という人間も「失敗をしても、辞表を書いたらゆるす」などという甘い人間ではない。失敗をしたら、それを取り戻して余りあるほどの成功をもたらさなければ決してゆるすことはない人だ。横井は、山内という人間を知り抜いていた。山内も、横井の考えをわかっていた。横井は、バーチャルボーイの失敗によって辞職を考えたりはしなかっただろうし、そんな甘い考えが山内に通用するとも思っていなかっただろう。なにかヒット商品を作らなければ、退職したくてもできない。そう考えていたはずだ。

世間では、任天堂を語るときに、意外なほどに山内溥社長の扱いが小さい。山内本人がマスコミを毛嫌いしており、インタビューに応じることは滅多になく、また財界人との社交的なつきあいもほとんどしないことから、取りあげづらいということもあるのだろう。さらには、「任天堂は、横井軍平や宮本茂という才能があったため急成長できた。山内は運のいい経営者」という見方をしている人たちもいる。しかし、山内をただの「運のいい経営者」と見るのは大間違いだ。おそらく、山内溥は、日本で最後の志士ではないか。伝わるエピソードのひとつひとつが、あまりに鋭すぎて、我々現代人とは違った世界を生きていることがわかる。

山内溥が社長に就任する前の任天堂は「花札だけが頼りの地方企業だった」と評されることが多く、それは事実だが、地方企業としてはかなりのものだった。初期の任天堂時代の自宅兼旧社屋が京都市下京区正面通《しもぎょうくしょうめんどおり》に残っているが、アールデコ調の豪奢《ごうしゃ》な建築だ。山内は、戦後間もなく早稲田《わせだ》大学に進学するが、東京の松濤《しょうとう》に家を借りて、そこから大学に通っていた。松濤というのは今でも超の字がつくぐらいの高級住宅地で、当時は米軍の将校や政治家が多く居を構えていた場所である。戦後まもなく物資が不足していた頃でも、山内は派手な生活をしていて、女性の出入りも多く、近所ではいったい何者なのかという噂《うわさ》が立っていたという。

山内の父は溥が5歳のときに、妻子を捨てて蒸発しており、溥が21歳のとき、任天堂を経営していた祖父が死の床につくと、溥は京都に呼び戻され、任天堂を継ぐことを命じられる。溥は、任天堂の社長就任を受け入れたが、そのときに条件をつけた。それは「山内家の者は、自分以外任天堂に関わらない」というものだった。この条件を実行するには、すでに任天堂にいたいとこを解雇しなければならない。溥は、任天堂に山内家の者を自分だけにすることによって、絶対的な権力を握ろうとしたのだ。これが21歳の大学生が考えることだろうか。

任天堂社長に就任した溥は、ベテラン従業員から不安な目で見られていた。「あんな若造に会社が経営できるのか」「花札の造り方も知らない若造が」というわけだ。溥は、社長就任直後から、そのような言葉に対して厳しい対応をとっていった。ベテランの管理職を容赦なく解雇していったのだ。溥に表立って批判をしなかった者まで、任天堂の古い体質を引きずっているという理由で切り捨てられた。

会社の陣容を一新した溥は、1953年に日本で初めてプラスティック製のトランプを発売、1959年にはディズニーとライセンス契約を結び、ディズニートランプを発売する。これは発売3年で150万個が売れるという大ヒット商品となった。

もちろん、後の任天堂から考えれば、ビジネス規模は比べ物にならないほど小さなものではあったが、溥は助けてくれる者もいない中で、任天堂の規模を急拡大させているのだ。事実、任天堂が東京証券取引所と大阪証券取引所の一部に上場したのは、1962年のことで、横井軍平が入社する3年前だ。「ファミコン以前の任天堂は、花札とトランプしかなかった」という言い方は、ファミコン以後の任天堂と比較した場合正しい見方だが、まったくなにもなかったわけではない。溥は、多くの敵を作りながら、たった一人で、任天堂を一部上場企業に成長させた。その手腕はもっと評価されていい。

## 親子のような山内と横井の結びつき

もうひとつが「山内社長と横井の不仲説」だが、二人を知っている人から見れば、ばかばかしいほど的外れな見方だろう。確かに、経営者である山内にとって、バーチャルボーイの失敗は面白くないできごとだろうし、横井が退社したがっていることも、勘のいい山内はかなり以前からうすうす察知していたはずだ。そうなれば、横井に対する態度が以前とは違ってきても不思議ではない。

さらに、ファミコン以前は、横井が任天堂のドル箱開発者であり、文句なしのエースだったが、ファミコン以降の任天堂のドル箱は、ファミコンを開発した上村の開発二部や、人気ゲームを生み出す宮本の情報開発本部の方に移っていった。山内としては、以前は「横井だけが頼り」の状態から、「横井も優秀な開発者の一人」にしかすぎなくなっていったのだから、横井から見れば「冷たくなった」と感じることもあったかもしれない。

しかし、山内と横井のつきあいは、そんな浅いものではなかった。二人を知る人のほとんど全員が「あの二人は親子だ」と口を揃えるのである。仲がいいときにはまるで親子のようなむつまじさであり、喧嘩《けんか》をするときも、それは上司と部下、経営者と社員のそれではなく、親子げんかだという。

私自身も、山内との縁の深さを感じさせる話を、横井自身の口から聞いた。『横井軍平ゲーム館』のインタビューでは、横井が過去に作ってきた玩具の思い出話を語ってもらったのだが、どの玩具の場合でも、横井は必ず「試作品ができたので、社長にまず見せた」とか「社長が喜んだので、非常にうれしかった」とか、「社長、社長」と何度も繰り返すのだ。商品は本来、消費者に喜んでもらうために開発するものだ。それが、横井は、山内を喜ばすために、玩具を開発しているかのような口ぶりだった。私は思わず、尋ねてしまった。

「山内社長とはどんな感じの関係だったのですか。一般的な経営者と社員という関係ではないように思えます」

すると、横井はこう切り出した。

「あの人はね、私をいじめるんですよ。いじめて、いじめて、いじめ抜くんですよ。私を追い込むんです」

話が聞いてはならない領域に入り始めた気がして、私は身を固くした。

「お前、これどないするんや。え、どうするんやと責め立てるんです。それで、もうどうしようもなくなって、そんなん言うんやったら、こうしますわーと私が言う。あの人は、それを待っているんですね」

この会話を文字で読む限りは、ニュアンスが伝わりづらいかもしれない。山内は、横井の掘っても掘ってもつきることなく湧き出てくるアイディアに絶対の信頼を置いていた。しかし、一方で、ほんとうに優れたアイディアは、乾いたぞうきんを絞るときにだけ出てくることも知っていた。山内は、そのために横井を追い込み、最後の黄金のひとしずくを絞り取ろうとしていたのだ。もちろん、横井もそうすることで、自分が自分の能力以上のアイディアを生み出せることに気がついていた。

「傍から見たら、喧嘩しているように見えたでしょうね」と横井は言う。それが「親子げんかのように見えた」という周辺の証言が指すものであることはすぐにわかった。

「では、今ごろ山内さんは、喧嘩相手がいなくなって、寂しい思いをしているかもしれませんね」

私はどう答えたらいいのかわからなくなって、よくありがちな台詞《せりふ》を口にした。すると、横井はうつむいて黙ってしまった。まるで小さな子供が泣きべそをかくような顔になったのだ。

横井は周囲まで明るくしてしまうほど朗らかな性格だ。スター開発者のオーラを常に身にまとっていたが、自分だけがスポットライトを浴びるのではなく、周辺にまでその光を照射させていくような人柄だ。その横井が、さして親しくもないインタビュアーの私に泣きべそ顔を見せるとは思いもしなかった。

それだけ山内と横井の関係は深いのである。傍から見れば、社員をこき使う経営者と、絶対的な忠誠を示す社員という関係にしか見えなかったかもしれないが、他人にはわからない深い部分で二人はつながっていた。それが、たかが仕事の失敗程度のことで、切れてしまうほど二人の縁は浅くないのだ。

もちろん、山内は、横井の退社をよくは思っていなかっただろう。あたり前だ。ドル箱開発者がいなくなるのだから、面白いはずがない。横井が、自分の会社を立ちあげて、玩具を開発することもわかっていただろう。それが任天堂にとって脅威となるとは考えていなかったと思うが、なにしろ横井が率いる会社だ、なにかと目障りな存在になることも明らかだ。山内にしてみれば、横井の退社は、人としても経営者としても、腹立たしいことであったことは間違いない。

横井が退社することを明らかにした後、二人の関係がどうであったのかは、私は知らない。しかし、緊張感の走る冷たい関係になったことは容易に想像できる。横井の退社の理由を、二人の不仲に求める人は、おそらく横井が退社を表明した後の二人の関係にまつわるエピソードを聞き及んだに違いない。しかし、話はまったく逆で、横井が退社することを明らかにしたからこそ、二人の関係は冷えたものになったのだ。

横井が1997年に、自動車事故で死亡した後の葬儀に、山内も出席している。そして納棺のときに、山内は横井の亡骸《なきがら》に向かって涙を流し「このバカが」と言ったという。

この言葉の意味は、いろいろに解釈できるが、私は「おれに逆らってまで、任天堂を出たのなら、任天堂を脅かすぐらいのことをやってから死ね。途中で死ぬとはなにごとだ」という意味だと確信している。

**「なに言っとるんや、ヒリヒリやで」**

ところで、横井はなぜバーチャルボーイの開発に没頭していったのだろうか。周辺の人間は開発途中で、このプロジェクトの結末が悲惨なものになることをうすうす感じ取っていたし、なによりも横井自身が途中で気がついていただろう。気がついたところで、今さら「やめる」とは言えない。任天堂はそれだけ大きな企業になっていたし、辛《つら》い思いで開発をしてきた開発一部の部員たちの苦労を無駄にすることになってしまう。横井は、心の中で、ますます「小回りの利く小さな会社」で仕事がしたいという思いを募らせていっただろう。

1995年初夏のバーチャルボーイの製品発表会に出席した技術者から、こんな話を聞いた。彼はバーチャルボーイに使われる部品を開発した人間であったため、横井がバーチャルボーイの開発に苦労していたことも知っていたし、この製品が不幸な運命をたどりそうな感触も肌で感じていた。しかし、途中で商品化中止にならず、製品発表までこぎつけたのは横井の努力があったからこそだ。彼は横井にかけより、こう言った。

「横井さん。ようやくここまできましたね。おめでとうございます」

普通であれば、「ありがとう。あなたの助けがあったから、ここまで来られたんです」などと答える場面だろう。ところが、横井は苦虫を噛《か》みつぶしたような顔で、声を潜めてこう言ったという。

「なに言っとるんや。ヒリヒリやで」

バーチャルボーイの運命は、生みの親である横井が誰よりもよく知っていたのだ。バーチャルボーイは、世間から面白い受け入れられ方をした。超マニアには大受けで、ゲーム通たちからは総スカンを食らい、一般の消費者からはまったく理解されなかった。

超マニアたちの間では、今でも伝説のマシンとして知られていて、米国では未《いま》だにバーチャルボーイのファンサイトが存在し、活動を続けている。また、ジョージ・ルーカスやスティーブン・スピルバーグがバーチャルボーイを見て興味を示したとか、CG映画で革命を起こしたピクサー社のスタジオにはバーチャルボーイが置かれているとか、その手の話はいくらでもある。横井自身もCES（米国で開催されるコンシューマー・エレクトロニクス・ショー）で、スピルバーグから直接バーチャルボーイを絶賛されている。

ところが、いわゆるゲームマニアたちからは総スカンだった。当時のゲームマニアたちは、「手応《てごた》えのある」ゲームを求めていた。画面がよりリアルになって、簡単には習熟できないようなゲームが求められていたのだ。しかし、横井が狙っていたのは「おじさん、おばさんと子供」だった。ゲームをあまりやったことのない初心者に向けたゲーム機だったのだ。

この食い違いは、90年ごろからブームとなったバーチャルリアリティ（VR）に原因がある。バーチャルリアリティは「仮想現実」と訳される技術で、要素技術が一気に出そろったことから、普通の人でも知っているような広がりを持ち始めた。

たとえば、航空機のパイロットがシミュレーターの中に入って訓練を行うのも一種のバーチャルリアリティだし、軍関係では戦闘員により高度な訓練を安全に行えるということから、この技術を積極的に取り入れだした。

日本でもシステムキッチンメーカーや建築メーカーが、使い勝手を事前に顧客に体験してもらうために、バーチャルリアリティを応用したシステムを開発したりした。キッチンや住宅を注文した顧客は、ゴーグルのようなヘッドマウントディスプレイをかぶり、手にはデータグラブと呼ばれる手袋をつける。ゴーグルにはキッチンや住宅内の映像が映し出され、手を伸ばすと、蛇口をひねったり、戸棚の戸を開けたりできるという仕組みだ。

バーチャルボーイは、ゴーグルをのぞきこむと目の前に3D空間が広がり、その中で遊ぶというもので、だれもがバーチャルリアリティと結びつけて考えた。超マニアたちは、このバーチャルリアリティを玩具にまで落とし込んだのがバーチャルボーイだと考えた。バーチャルリアリティはさまざまな技術の集まりで、この技術を使って、なんらかのシステムを作ろうとすれば、例外なく高価なものとなってしまう。それを1万5000円という安価な形で提供してくれた横井は、神様のような存在に映っただろう。

一方で、難しいゲームを望んでいたゲームマニアたちから見れば、流行のバーチャルリアリティをあざとく取り入れたものの、少しも難易度はあがっていない、それどころかピンボールだのマリオだの、かえって難易度の低いゲームしか出てこない。少しも面白くないというわけだ。当時、あるマニアは私にこう言った。

「流行を取り入れれば、ゲームが面白くなるなんて、なんて任天堂はあさはかな発想をするのだ」

しかし、バーチャルボーイに至るまでの発想は、バーチャルリアリティとは無関係なのだ。

**3年前に社長命令でVRについて調べたのですが、「VRは娯楽商品にはならない」というのが結論でした（笑）。ヘルメット型ディスプレイは重いし、満足がいく絵を作り出すには、スーパーコンピュータ級の能力が必要だし。**

**「じゅげむ」創刊号（1995年5月号）**

また、最近、3D映画や3Dテレビが話題となっているが、「2D（平面）が飽きられたら、3D（立体）へ」という安易な発想でもなかった。

**「真っ暗闇」はテレビ画面の枠を超えるか？**

横井のバーチャルボーイの発想の原点は「真っ暗闇」にあった。

あるとき、米国のベンチャー企業リフレクションテクノロジー社の人間が、横井のところに自社技術の売りこみに来た。このリフレクションテクノロジー社の製品「プライベート・アイ」は、小さなLEDディスプレイだった。航空機の整備士などが使用するもので、頭に巻いたバンドで固定して、片側の目に装着することができる小さなディスプレイである。もう片方の目は空いている。これで、ディスプレイには図面を映し、もう片方の目で実際の機体を見て、整備を行うというものだった。図面を出したりしまったりする必要がないので、作業の効率が格段に上がるというものだった。

しかし、問題は小さなディスプレイに図面を表示するのだから、ＬＥＤはごくごく小さなものでなければならなかった。これを液晶でやったとすると、画素（ひとつの点）が大きすぎて、昔のワープロ専用機の文字のようにギザギザばかりの線で図面が描かれることになってしまっていただろう。ごく小さなＬＥＤを開発したところに、リフレクションテクノロジー社の技術のポイントがあった。小さなディスプレイにもきれいな線で図面が描けるのだ。

この製品を見た横井は、特にこれといった興味は示さなかった。このような売りこみは、日常茶飯事であったし、このような先端技術は高価であり、安価な玩具に応用ができるようになるのは何年も先のことになるからだ。ところが、あるとき、横井の頭の中で、このディスプレイと新しい遊びの発想が交錯した。

**そのときは、クリアに図面が描けているなというぐらいで、たいして興味がなかったんですね。後で、ひょっとしたら、真っ暗闇というのはモノになるんじゃないかと思いついて、バーチャルボーイの企画が始まったのです。**

横井が突破しようとしていたのは、テレビ画面という〝枠〟だった。ＣＰＵが何メガヘルツだとか、解像度が何ドットだ、ポリゴンがどうしたといったところで、既存のゲーム機は、結局はテレビ画面という平面枠の中でしか遊べない。横井が過去に作ってきた商品を思い出してほしい。

初期の玩具は、家の中という〝空間〟や空き地という〝空間〟で遊ぶためのものである。ゲーム＆ウオッチやゲームボーイは、どこにでも持ち運べるゲーム機というよりも、〝空間〟の中で遊べるゲーム機である。対戦型テトリスは、二人が向かいあって遊び、相手の顔色をうかがいながら遊べる点が楽しいのだ。横井は、携帯性ということよりも、遊びがさまざまなシチュエーション、空間で行われることで、なんらかの化学反応が起きることを期待していたのだ。

横井は、技術論を話すときに、必ずといっていいぐらいソニーのウォークマンを引き合いに出す。ウォークマンは、最先端技術が使われているわけではなく、既存の技術の寄せ集めにすぎないが、誰も考えなかった発想をしたことによって大成功をした。横井はこの点でもウォークマンを尊敬していたが、もうひとつ、音楽のあり方を変えてしまった点も尊敬していた。

ウォークマンにあれほどの人が熱狂したのは、どこにでも音楽を持ち歩けるという利便性だけのことではない。ウォークマンを聴きながら、電車に乗り、夕暮れの風景を見る。すると、今まで何度となく聴いていた音楽、何度となく見てきたつまらない風景のどちらもが、心を揺さぶるほど新鮮に感じられるのだ。ありきたりの音楽とありきたりの風景を重ね合わせることで、化学反応が起こり、どちらもが今までとはまったく違ったものに感じられる。ウォークマンをつけて外に出れば、昨日までの世界とはまったく違う刺激を与えてくれる新世界が待っているのだ。横井はこのシチュエーションが起こす化学反応に注目していた。

横井はファミコンのゲームも開発しているが、いずれも画面の枠には収まっていない。「ダックハント」はテレビに向けて光線銃を撃つと、テレビ画面の中のカモにあたるというものだし、「ブロック」「ジャイロ」は、テレビ画面が、外にいるロボットに指令を伝えるというものだった。横井は、2Dの次は3Dだという安易な発想ではなく、どうやったら狭苦しいテレビ画面の外に出られるか、そこを突破しようとしてきた。

だからこそ「真っ暗闇というのはモノになるんじゃないか」という発想がでてきたのだ。真っ暗闇なら無限に広い空間が作れるのではないか。枠で制限されているテレビ画面の外に出られるのではないか。横井にとっては、3Dよりも「真っ暗闇」の方がはるかに重要だった。

この当時、ディスプレイといえばテレビに使われていたブラウン管か、ゲームボーイなどに使われた液晶というのが普通だった。しかし、どちらも「真っ暗闇」を作りだすことはできない。ブラウン管は、ガラス板の裏側に塗った蛍光物質に電子を当てて光らせる原理であるために、その光がしばらくの間は残ってしまう。液晶は裏から蛍光灯の光を当てて、それを三原色のフィルターに通すことで色を作りだしている。裏からの光はどうしてもフィルターから漏れてくるので、真っ暗闇を作ることはできない。テレビは「ほんとうの黒」が作りだせないのだ。

一方で、映画のスクリーンは以前から黒を作りだすことができていた。映画の方が芸術性が高いと思われているのは、表現するための技術が優れているからだ。そのため、現在のプラズマテレビや液晶テレビでも、技術者が必ず突き当たるのが「黒の表現」だ。「ほんとうの黒」が表現できるテレビは、画質も圧倒的によくなる。それがリフレクションテクノロジー社のLEDディスプレイは安々と「ほんとうの黒」を作りだすことに成功していた。普通の人であったら、このディスプレイを見て「精細に線が描けている」ことに注目するだろうが、横井はリフレクションテクノロジー社の営業マンが自慢気に語る「線の精細さ」ではなく、背景の黒に注目した。リフレクションテクノロジー社もきっと驚いたことだろう。

こんな経験をしたことはないだろうか。ひょっとして今の20代ぐらいの都心育ちの人にはないかもしれないが、30代以上で郊外に住んだことがある人は、そういう体験をもっているはずだ。昼間にはなんともなかった自分の家の裏庭に、夜中に出てみると、漆黒の闇に包まれ、空間が圧倒的に広大に感じられ、しかもなにもいるはずがない安全極まりない自分の家の裏庭に、人間や動物ではない〝なにものか〟が潜んでいるような気がして、耐え切れない恐怖を感じたという経験だ。

「真っ暗闇」は、よく知っている空間でも、無限に拡張してしまう。横井も子供の頃、そんな体験は何度となくしてきただろう。横井の中では、まずこの「真っ暗闇」による空間の拡張という発想があって、その空間を表現する方法として3Dというのが後から出てきた。

**モノクロ映像は子供の想像力を刺激する**

バーチャルボーイの欠点として、だれでも口にするのがモノクロであるということだった。プライベート・アイはLEDによって描画されるが、当時は青色発光ダイオードはまだ存在せず、赤色1色で描かれる「アカクロ」だった。当然、カラー化できないのかと思う人は多いだろう。しかし、横井にとってはカラー化は大きな問題ではなかった。

横井が狙っていたのは、広大な空間を設定してユーザーに見せることで、そこに当時の技術で中途半端なリアルさを持ち込むと、かえってユーザーをしらけさせてしまうと考えていた。ゲームボーイのときに、モノクロにこだわったのと同じだ。ゲームボーイのときも「ほんとうはカラーの方がいいが、技術面、コスト面で厳しいのでモノクロでがまんする」というわけではなかった。明らかに「カラーよりもモノクロの方が優れている」と横井は信じていた。それはゲームボーイの章で紹介した「モノクロで雪だるまを描いてごらん」という話で、モノクロの方がユーザーの想像力を刺激するからだった。

**精密で迫力がある写実的な画像が、けっしてゲームの理想的姿ではないはずです。現実をデフォルメしたシンボリックなもので、どれだけ人間の想像力を刺激できるかというのが、**

**ゲームという遊びの本質です。プラモデルよりは、単なる木片のほうが、遊び方は無限に広がるわけでしょう。**
**「じゅげむ」創刊号（1995年5月号）**

ゲーム画面にモノクロで描かれたモンスターが登場したときに、子供たちは勝手にそのモンスターの色を想像するだろう。ある子供にとっては毒々しい茶色であるかもしれないし、ある子供にとっては華やかなピンク色かもしれない。子供たちが能動的に色を想像することによって、モノクロのドットは何千万色にも値するのだ。横井の玩具は、子供たちのこうした小さな能動的な参加を求めている。そうすることによって、子供たちはよりゲームの世界に入りこみやすくなり、遊びの世界に身を浸すことができるようになる。

バーチャルボーイでも、カラー化してはどうかなどと提案した部員がいたら、横井はきっと舌打ちしたことだろう。まるでわかっていない。線は赤いLEDで描かれているが、横井にとって重要なのは、描かれていない「真っ暗闇」なのだ。そこにはなにが潜んでいるかわからない。その空間感覚を横井はバーチャルボーイで再現したかった。

**CESでスピルバーグ監督が私に「すごいマシンだけど、カラーだったらもっといい」と話してくれました。「ああ、この人もふつうの人だな」と思いました（笑）。**
**「じゅげむ」創刊号（1995年5月号）**

この横井の発想は、バーチャルボーイ本体発売と同時に発売された「ギャラクティックピンボール」に集約されている。いわゆるゲームセンターなどにあるピンボールを楽しめるものだが、ピンボールの台という枠がなく、ピンボールのフリッパーと役物が赤い線で描かれているだけだ。

**最初は、ピンボールの台を画面の中に描いていたんですけど、「せっかくのバーチャルボーイなんだから、そんなばかなことをするな。枠だけ描いて宇宙のピンボールにしろ」と言ったんですね。**

このピンボールには台の枠という制約がない。ピンボールの中身だけが、宇宙空間の中に浮かんでいる。そこをボールが転がっていくのだが、地球の重力の法則に従って転がること自体に、違和感を感じてしまう。ピンボールだからそれであたり前なのだが、横井が作り出した空間の中では、あたり前のことがあたり前でないように感じてしまう不思議な感覚に陥るのだ。

しかも、突然、謎のチューブが登場して、ボールを吸い込み、ボールを暗闇の彼方《かなた》に連れ去ってしまう。あっけにとられていると、ボールは暗闇の中から突然戻ってきたりするのだ。商品としてのバーチャルボーイは失敗だったかもしれないが、新しい遊びを生み出したという点では成功していたと言っていいだろう。

　現在、バーチャルボーイは「バーチャルリアリティを家庭内に持ち込んだマシン」として一部で評価されているが、それは横井が意図した通りの評価ではない。新しい遊びを生み出そうとした勇気ある試みとして評価すべきなのだ。

　横井は家の中でテレビゲームばかりしている子供に、「勝手口から裏庭に出てごらん。そこにはテレビゲームよりもっと冒険的な空間と闇がどこまでも広がっているんだよ」というメッセージを伝えたかったはずだ。

## ゲームが「遊び」ではなくなっていった1995年

バーチャルボーイが発売された1995年といえば、その前年末にソニーから「プレイステーション」、セガから「セガサターン」が発売され、「ゲーム機戦争」と呼ばれ、任天堂のスーパーファミコンの影が急に薄れていた頃だ。世間は、新しいゲーム機にわいていたように見えるが、新しいゲームについていけなくなった人たちは確実にいた。

　実を言えば、私もその一人で、当時はスーパーファミコンで遊び、プレイステーションとセガサターンのソフトのラインナップを見て、そろそろゲームは卒業しなければと感じた。そして、1996年に任天堂からNINTENDO 64が登場してすぐに購入し、完全にゲームから卒業することを決意した。もちろん、それ以降もゲーム機は買っているし、ときおり遊んだりはしているが、以前のようにゲームに没頭してしまう時間は二度と訪れることがなかった。その理由は、横井が懸念していた通り、ゲームが難しくなりすぎて、ついていけなくなっていたからだ。

たとえば、当時格闘ゲームというジャンルが流行した。プレイヤーのキャラクターとコンピューターのキャラクターが格闘技を使って対戦するというもので、セガの「バーチャファイター」が代表的なゲームだろう。しかし、この「バーチャファイター」はよかったが、その亜流ゲームが続々と登場してくると、私にはまったくついていけなくなった。格闘ゲームに勝つコツは、自分が使うキャラクターの必殺技の出し方を覚え、それをタイミングよく繰りだすことにつきる。しかし、この必殺技を出させるためには、複雑なコマンドを覚えていなければならなかった。

たとえば、ある必殺技では、「レバーを左に入れ、パンチボタンとキックボタンとガードボタンを同時押し、それからレバーを左に1秒、右下に1秒入れつつパンチボタンとキックボタンを同時押しする」などというものまである。もちろん当初は操作と必殺技にそれなりの関連性はあった。たとえばレバーを上にいれるものはジャンプ系の技、レバーを下に入れるものはしゃがみ系の技という具合に。ところが、ユーザーは次から次へと高い難易度のゲームを求めてくる。それにメーカーは応え、次第に必殺技コマンドは長いものになっていき、操作と必殺技の内容はどんどん無関係になっていった。

本来こういった必殺技コマンドは、プレイヤーが遊んでいる中で発見をしていくべきものだ。ゲームクリエイターとしては、単純な技だけではすぐに飽きられてしまうために、複雑な技を「隠しコマンド」として入れておいたのだろう。しかし、ゲームが発売されると、ゲーム雑誌にすぐに必殺技コマンドが掲載され、多くのゲーマーたちはそれを丸暗記してゲームに臨むようになっていった。「自然にゲームの中で発見すべき」などと言っている私は、だれかと対戦しても、話にならないくらい弱い。向こうは必殺技をいくつももっている、こちらは基本技しかない。武装している人間と素手の人間が戦うような話で勝負にならなかった。

「ドラゴンクエスト」に代表されるロールプレイングゲームも似たような状況になっていった。ロールプレイングゲームは、だれでも簡単に遊べ、時間さえかければエンディングにたどりつけ、高い能力を要求しないゲームとして多くの人に受け入れられた。しかし、これも発売日直後に攻略マップのようなものが雑誌に掲載されるようになった。そのマップを見ながらプレイすれば、次になにをすればいいのかがすぐにわかる仕組みになっていて、数日でエンディングにたどりつくことが可能になる。

マニアたちは「早解き」にこだわるようになっていった。「○○というゲームは12時間23分で解いた」というように、時間を競うようになっていったのだ。

私はゲームのこういう部分についていけなくなった。本来、必殺技コマンドはプレイ中に発見して「あ、こんな必殺技が繰り出せた！」と喜ぶことに遊びの楽しみがある。ロールプレイングゲームでも途中でなにをしたらいいのかわからなくなり、困り果てて、友人に尋ねたり、夜中に電話してみたりすることに楽しみがある。しかし、そのような楽しみ方をしていては、やっとひとつのゲームが終わった頃には、世間はそのシリーズゲームのⅢあたりを楽しんでいることになってしまう。

ゲームを楽しむには、受験勉強のように必殺技コマンドを暗記して、毎晩猛練習に励まなくてはならないことになってしまった。そんな膨大な時間をゲームに割くことはできないし、同じ時間を使うのだったら現実世界の受験勉強や資格試験、仕事に費やした方が、よほど自分のためになり、かつ面白い。それが「ゲームを卒業した」理由だ。当時、同じことを感じていた人は多かったはずだ。

## 果たせなかった携帯型バーチャルボーイの夢

ここでバーチャルボーイの「ギャラクティックピンボール」を思い出してほしい。操作は基本的に左ボタンと右ボタンを押すだけだ。左右のフリッパーを操作するだけという単純な仕組みなのだ。上手にできるかどうかは別として、世界でもっとも単純な操作でだれでもできるゲームは、パチンコとスマートボールだろう。玉を弾《はじ》くだけなのだから。

そして、2番目に単純な操作のゲームはピンボールだ。左右のフリッパーを使うだけなのだ。もちろん、うまくできるかどうかは別の話だが、子供でもすぐに仕組みを理解して遊べるようになる。その単純な操作で、宇宙空間のピンボールが遊べるのだ。横井はここを狙っていた。単純極まりない操作で、今までになかった無限空間で遊べるゲーム機。それが横井が考えていたバーチャルボーイだった。

テレビ画面という枠の中で遊ぶファミコンは、任天堂に大きな利益をもたらし、スーパーファミコンへと進化していった。しかし、横井はソニーのプレイステーションやセガのセガサターン、任天堂のＮＩＮＴＥＮＤＯ 64の開発コンセプトを聞いて、いよいよ任天堂のゲーム機も終わりの時期が近づいていることを感じ取っただろう。この頃、横井を「師匠」と呼ぶ宮本茂が、３Ｄグラフィックスの表現方法を大幅に取り入れ、ＮＩＮＴＥＮＤＯ 64のゲーム製作に当たるべきだと主張して、横井が「お前までがそういうことを言うのか」と嘆いたという逸話が残されている。宮本には宮本の考えがあり、一概にどちらが正しいとは言えないが、横井としては残念な気持ちが強かったに違いない。

横井は、ファミコンとはまったく別の軸となるゲームボーイを開発していたが、さらにもうひとつ大きな軸となる遊びを任天堂に残したかった。それを残すことによって、山内への恩返しとなり、任天堂への置き土産となる。そして、自分は任天堂を退社し、小さな会社を立ちあげ、またさらに別の遊びを生み出していきたい。そう考えていたはずだ。ところが、バーチャルボーイは「ヒリヒリやで」の状態になってしまった。

その最大の理由は、先ほども触れた、ゴーグルが大きくなりすぎて、据え置き式になってしまったことだ。横井は、ゲームボーイほどとは言えないまでも、携帯して持ち歩けることを想定していた。バッグかなにかに入れておき、サングラスのようにかけ、どこでも無限のゲーム空間の中に入っていける。そんなことを想定した。実際、横井はバーチャルボーイ発売前後に、「肩架型画像表示装置支持具」（出願6－188824）、「保持具」（出願7－210134）という特許出願を行っている。明らかにバーチャルボーイを携帯するための道具だ。現実に、ここまでしてバーチャルボーイを携帯しようと思う人はいないと思うが、横井はなんとしてもバーチャルボーイを携帯して遊んでもらいたかったに違いない。

インタビューの休憩中に食事をしながら、バーチャルリアリティの話になったことがある。そのとき、横井はバーチャルリアリティは産業界にとっては有用な技術だが、玩具に応用するのは難しいと言っていた。そのとき、横井は不思議な言い回しをした。

「仮想現実、仮想現実というけど、あれはちょっと言葉がおかしいんちゃうかなあ。仮想の現実って、ほんとうにおもろいんやろか。現実を仮想した世界の方が面白いに決まってるでしょ。見えているのは現実なんだけど、ほんとうの現実とはちょっと違っている。それが面白いんちゃうかなあ。だから、あれは仮想現実じゃなくて、現実仮想というべきなん違う？」

このときは、言葉遊びにこだわっているようで、横井の意図が正確に読み切れなかった。それで適当に相づちを打った。

「そうですよね。ぼくもあんなスーパーコンピューターを駆使して作る空間が、キッチンだとか下水道工事の現場だとかというのでは興ざめです。それよりも、ゴーグルをかけても見えているのは、目の前の普通の風景なんだけど、その世界は光の速度が秒速1メートルになっているとかそういうのはできないんでしょうか。ちょっと早歩きするだけで、光の速度に近い速度で移動することになり、風景に赤方偏移が起きて見えたり、時間の流れが遅くなったり、アインシュタインの相対性理論の世界を体験できるんです。普通のお茶の間の中で、相対性理論の世界が体験できちゃうなんて面白いと思います」

横井は「そうや、そういうことや。そういう発想が大切です」と満面の笑みを見せた。そして、「でも、そんなすごい玩具、いくらで作れる？」と落ちをつけて、全員爆笑でその話を終えた。

横井はバーチャルボーイを携帯させ、さまざまな場所で使わせることを構想していただろう。それが具体的にどういうことかはわからないが、たとえば野山でバーチャルボーイを使ったとしたら、昼間にはどこかに隠れて寝ているタヌキやキツネといった夜行性動物がディスプレイの中に現れて、捕獲ができるゲームだとか、バーチャルボーイを携帯させることで可能になる、今までになかった遊びを構想していたはずだ。しかし、早い段階で携帯させることは不可能だとわかったし、私も「携帯型バーチャルボーイ」という点にはあまり頭が回らず、当時はその点を聞きそびれてしまった。返す返すも残念なことをした。

「もし、バーチャルボーイがポケットに入れて持ち歩けるぐらいのサイズになったら、どんな遊びが考えられますか？」という質問をしておけば、横井はそれだけで数時間ほどは話しっぱなしになったのではないだろうか。

私はバーチャルボーイの唯一の欠点は、身体性が実感できないことにあると思っている。バーチャルボーイと同時に発売されたゲームソフトに「テレロボクサー」というのがある。自分がボクサーになって、相手のボクサーと対戦するというゲームだ。相手のボクサーがパンチを打ってくると、ついつい身体が反応して避けてしまうのだ。ところが、バーチャルボーイは据え置き型で、目を本体にくっつけてプレイしなくてはならず、避けてしまうと、目がバーチャルボーイから離れてしまうのだ。

この「避ける」という行為は、人間の本能的なもので、これを禁じるようなゲームはいいゲームではない。人間が本能で自然に動くことが、そのままゲームの操作になる。それが直感操作で優れたゲームなのだ。横井がそんな基本的なことをわかっていないわけはない。サングラス程度のゴーグルでいけるということになっていたら、横井はこのような身体性も操作方法のひとつとして取り入れることを考えたに違いない。

つまり、頭を横に動かせばパンチが避けられたり、移動できたりするゲームになっていたはずだ。そして、そのボクシングゲームは、今までにないほどリアルで楽しいものになっていただろう。しかも、ゲームをやったことのない人でも、すぐに遊べる。

## タイミングが悪かったPL法の施行

横井とバーチャルボーイにとって不幸だったのは、発売と同時にPL法（製造物責任法）が施行されたことだった。この法律は、製造者の過失と製造物の欠陥の関係を整理したものだ。それまでは製造物の欠陥により使用者が被害を受けた場合であっても、製造者に過失がなかった場合、損害賠償をする責任を負わなかった。簡単に言えば、ベストを尽くして作ったものであったら、それに欠陥があり、消費者が被害を受けても、メーカーに責任はないことになってしまっていた。

それを欠陥があったら、メーカーに過失があろうがなかろうが賠償責任を負うという風にしたのがPL法だ。しかし、日本では民法の規定を引いて、「欠陥があったら過失も当然あったものとみなす」ということが裁判所では以前から行われていたため、PL法が施行されても大きな変化があるというわけではなかった。しかし、メーカーは過敏に反応した。まずやったことは、取り扱い説明書に消費者へ向けて膨大な禁止事項を記載し始めたのだ。都市伝説になっている「電子レンジの取り扱い説明書には、『濡《ぬ》れたネコを電子レンジで乾かさないでください。ネコの生命身体に深刻なダメージを与える可能性があります』と書いてある」というやつだ。

もし、取り扱い説明書に禁止事項を書き漏らすという〝過失〟があった場合、そのような使い方をして事故を起こした消費者から賠償を求められる可能性があった。現在でもその名残はあって、電池駆動する製品の取り扱い説明書には「弊社の乾電池をご使用ください」という文言が記載されている。乾電池のメーカーなどこだわらない人がほとんどだと思うが、A社の電器製品にB社の乾電池を使用して事故が起きても、A社は「取り扱い説明書にきちんと明記している」という理由で、責任を免れることができる。

もちろん、ちゃんとしたメーカーの乾電池であれば、どこのメーカーのものを使っても事故が起きる可能性は極めて小さい。また、防水仕様ではない携帯電話の取り扱い説明書の多くには「雨天の日は屋外で使用しないでください」と記載されているが、守っていない人がほとんどだし、そもそもそれでは携帯電話の利便性はかなり失われてしまう。このような過剰なまでの禁止事項、注意事項は1995年のPL法の施行にともなって取り扱い説明書に記載されるようになった。

バーチャルボーイも例外ではなかった。バーチャルボーイを見て、だれもが直感的に思うのは「目に悪いのではないか。視力が落ちるのではないか」ということだ。横井も同じ心配をした。そのため、米国の科学者と医者のチームに影響を検証させた。すると、面白いことに、バーチャルボーイは、視力が悪くなるどころか、視力の回復に貢献するという結果が出てきたのだ。確かにバーチャルボーイで長時間遊ぶと、目が疲れた印象をもつが、それは普段使っていなかった眼球周りの筋肉を使ったからで、ある意味、ジムでトレーニングしたときと同じ種類の疲労なのだそうだ。

しかし、取り扱い説明書には「30分ごとに5分から10分の小休止を」という文言を入れざるをえなかった。これはバーチャルボーイだけではなく、テレビゲームにも同類の文言があるので、気にするようなことではないが、それでも「目に悪いのではないか」という不安を持った消費者たちは、バーチャルボーイの取り扱い説明書の文言を発見して、「やっぱり」と思ってしまったのだ。

## 宣伝のしようがなかった3Dの魅力

さらに、まずいことにバーチャルボーイは広報宣伝活動もうまくいかなかった。これは横井にとっても誤算だっただろう。なにしろ黒バックに赤い線という一見地味な画面だ。これを雑誌広告などで紹介しても、バーチャルボーイの無限空間の感覚はまったく伝わらない。テレビCMで作りをよほど工夫すれば、伝わるかもしれないが、それでも黒バックに赤い線という地味な絵では、視聴者の目を引くのはかなり難しい。

また、ゲーム機の宣伝活動の場合、店頭でのデモが重要になる。一般的なテレビゲームの場合、大型店になると、何台ものゲーム機を並べ、お客に自由に遊ばせる。さらに、大型モニタを接続し、そのプレイ内容を他のお客にも見せる。こうすることにより、面白いゲーム機であることを実際に知ってもらうわけだ。しかし、バーチャルボーイはこのような宣伝方法も難しかった。大型モニタに接続したところで、2Dになってしまうので、意味がなくなってしまう。

店頭デモ機をお客に開放したところで、実際にプレイした人はその面白さが体感できるが、周辺から見ている客から見れば、「なにかのぞきこんでプレイする、ちょっと不気味なゲーム機」にしか映らなかった。

もうひとつ決定的だったのは、バーチャルボーイには通信対戦やマルチユーザーの機能がなかったことだ。横井自身が開発したゲームボーイは、ケーブルで接続することで通信対戦できるのが大きな魅力だった。スーパーファミコンでもマルチユーザーはあたり前になり、複数のプレイヤーが対戦をしたり、協力したりして遊ぶゲームが増えていた。ところが、バーチャルボーイは一度に一人しかプレイできないために、対戦はできないし、マルチユーザーといってもプレイヤー1とプレイヤー2が交代で遊ぶことしかできない。このあたりが「魅力が薄いゲーム機だと受け止められてしまった。

最終的に全世界で126万台が売れ、19本のソフトがラインナップされたが、任天堂の引き際は早かった。7月に発売され、その年の暮れのクリスマス商戦を最後に、事実上の撤退をしてしまったのだ。126万台という数字は、商品の出荷台数としては決して小さな数字ではないが、横井の商品としても任天堂の商品としても、要求されている数字は一桁《ひとけた》大きい。完全な失敗だった。

これは横井の人生最初の挫折《ざせつ》かもしれない。横井は、自分の人生最大の失敗に、ゲームボーイ開発時に液晶の見え方に問題があったのに見逃してOKと言ってしまったことを挙げているが、これは大きいとはいえミスにしかすぎない。レーザークレーの事業的失敗は、横井の責任とは言い難い。しかし、バーチャルボーイは、横井が全力投球したものが、世間から受け入れられなかった。

**新しいものを作ろうというときは、そんじょそこらのアイディアではだめなわけです。画期的なことをしなければならない。「画期的なもの」というのは、当たるか当たらないかはフィフティ、フィフティだと思うんですね。でも、「あかんでもいいやないか、任天堂の将来はこれしかないんだ」という気持ちでやっていたんです。それが私にしてみれば、ちょっとした持っていき方の間違いで失敗してしまった。ですから、会社の中で「10億円のＰＲ費をくれれば、バーチャルボーイを軌道に乗せる自信はあるんだ」ということはよく言っていました。**

この話をしてくれたとき、横井は自分で自分が強がりをいっていることを認識していた。その姿は痛々しく、それ以上質問をする気にはなれなかった。

## 退職の置き土産、ゲームボーイポケット

任天堂は、横井というヒットメーカーがいたために全国区の企業になれた。そして、ファミ

コンというヒット商品が生まれたため世界企業になれた。この任天堂の成長ぶりを、もちろん横井は喜んでいただろう。しかし、一方で居心地の悪さもじょじょに感じていたのではないかと思う。任天堂という企業に不満をもっていたということではなく、あまりに図体《ずうたい》が大きくなりすぎて、いろいろな面で横井は不自由さを感じていたのではないだろうか。

横井はあるときこんな話をしてくれた。ゲームボーイを買った子供の親から、一通の手紙が来て、それが横井のところに回されてきた。文面はこうだった。その人の子供は、左手に障害があって、十字キーをうまく操作できないという。ところが、押しボタンであればなんとか操作ができる。つまり、十字キーとボタンの配置が左右逆であったら、ゲームボーイで遊ぶことができる。どこかにボタンの配置が逆であるゲームボーイは販売していないのだろうか、ないのであれば費用はいくらかかってもかまわないので作ってほしいというものだった。横井は簡単なことだと思ったという。ちょっとした技術者なら、数時間もあれば配置を逆に改造できるという。

「こんなことは、ちょっとハンダごてを握れるものなら、数時間あればできてしまう」

しかし、問題は任天堂というのは大きな企業になっており、手紙をくれた人は消費者であるということだ。

「だから会社には内緒で改造しました。そしてくれぐれも任天堂の人間が改造したということは口外しないでほしいとお願いしました。先方は謝礼を払いたいとおっしゃってくださったんですけど、もらってしまったらやっかいなことになる」

横井の人柄の優しさを示すエピソードだが、同時に企業という枠組みの息苦しさを横井が感じ始めていた証拠でもある。もちろん、法的なことをきちんとしておこうというのは、任天堂だけではなく、どこの企業だって同じことなのだから、横井が任天堂そのものに不満を感じていたというわけではない。そういう時代になってしまったことに息苦しさを感じていたのだ。

ゲーム&ウオッチ以降の横井は、知るひとぞ知るヒットメーカーとなり、外からの誘惑も多かった。ありていに言えば、ライバル企業からの引き抜きである。あるいは横井を引き入れてベンチャー企業を興そうなどという話は掃いて捨てるほどあった。しかし、横井はそういう話をきっぱり拒否していた。任天堂に恩義を感じていることもあったが、なにより横井自身がそういう行為が嫌いだったからだ。横井といっしょに仕事をしたいというのであればともかく、金儲けだけのために横井を引き入れようなどという連中は、横井がもっとも嫌うところだった。

任天堂時代の横井は、会社帰りに、ある小料理屋にいくことがたびたびあった。そこには同僚をつれていくことは滅多になく、店側も横井がどういう人物であるかは知らず、単によく来るお得意さんという認識程度だったという。いわゆる「隠れ家的な場所」で、横井は一人でものを考えたいときに、そこに通っていた。

すると、あるときからよく顔をみかける人物がいるのに気がついた。自然と盃《さかずき》を交わすことになる。横井は用心をして、自分の身分を明かさず、「まあ、メーカーに勤めてます」としか言わなかった。向こうも自分の仕事を明らかにせず、「いろいろとやらせていただいてます」としか言わない。ただの酒飲み友だちだから、それで特に問題はない。1年ほどそのようなことが続き、個人的な話もするようになり、親しくなったので、「実は私は、横井と言いまして、任天堂に勤めています。開発をやっています」と打ち明けた。すると、相手は平然と「ええ。あなたが任天堂の横井さんということは分かっています。知っていて、ここでずっと待っていたんです」と答えたという。

そういった外からの誘惑もあっただろう。横井自身の自分の人生プランもあっただろう。任天堂は大きくなりすぎて、もっと小さな小回りの利く仕事をしたいという気持ちもあっただろう。横井の計画としては、バーチャルボーイの成功を見届けて、退社するつもりだった。当時の任天堂の柱は3本あった。ひとつはファミコン以来の家庭用ゲーム機、もうひとつはゲーム&ウオッチ以来の携帯用ゲーム機、そしてもうひとつが宮本茂が中心となって生み出すゲームソフトだ。しかし、横井は任天堂の家庭用ゲーム機の将来は厳しいと見ていた。しかも、自分が生み出した携帯用ゲーム機についても「静かなブーム」と呼び、一定の売れ行きを示す商品ではあるが、爆発的に売れるようなものではないと考えていた。ゲーム機事業がだめになれば、せっかくユニークなゲームソフトを作っても意味がなくなってしまう。

横井は、バーチャルボーイで新たな任天堂の柱を建てたかったのだ。任天堂が、新たな三本柱を元に、さらに躍進している姿を見て、自分は退社して、それを外から眺める。それが理想の生活だったろうし、任天堂への恩を返すことになると考えていた。しかし、それはかなわなかった。

一方で、横井は54歳になっていた。当初は50歳で任天堂を退社するつもりだったから、時間があまり残されていなかった。横井は急いで「置き土産」を開発する必要に迫られていた。そこで、時間的なことと任天堂への貢献ということを考えて、開発したのが「ゲームボーイポケット」だ。簡単に言えば、ゲームボーイの軽量版だ。

**私の知り合いが携帯電話を買いましてね。理由を聞いたら「以前は大きくて嫌だったけど、ここまで小さくなったから」と言ったんですね。ですから、ゲームボーイを小さくすれば、新たなユーザーが増えるのではないだろうか。内ポケットに入るサイズになれば、大人でも旅行に持っていこうかなという気になりますからね。**

この頃は、まだだれもが携帯電話をもっている時代ではなかった。しかし、１９９５年からＰＨＳのサービスが本格的に始まり、それに対抗するために各携帯電話キャリアは、価格面などを見直し、携帯電話が急速に普及し始めた頃だ。大柄で、家庭用コードレスホンのようだった携帯電話も、小さくなり折り畳み式も広まった。このような背景があったために、小さくするだけでも、新たなユーザー層を獲得できると考えたのだろう。

実際、初代ゲームボーイにはまだまだ無駄が多かった。バーチャルボーイでも問題になった電磁波漏れ対策の部品も結局は必要がなかったことが明らかになったし、乾電池もより強力なアルカリ電池が普及したため、単三電池から単四電池に変えることができる。このような検討を行った結果、ハンディサイズからポケットサイズにすることができた。

ゲームボーイは148×90×32ミリで、重さは約220グラム。ポケットになると、127・6×77・6×25・3ミリで、重さは約125グラムとなり、大きさ、重さとも約40パーセント小さくすることに成功した。ゲームボーイはバッグの中に入れるしかなかったが、ポケットは文字通りポケットにも収まる。バッグに入れてまでゲーム機を持ち歩こうという大人は少ないかもしれないが、ジャケットのポケットに入るのであれば、テトリスやパズルゲーム、ボードゲームなどの大人向けのゲームを持ち歩こうと思うかもしれなかった。

横井はバーチャルボーイでは、ことごとく運が悪かったが、このゲームボーイポケットでは強運に恵まれた。ゲームボーイ用ソフト「ポケットモンスター」が登場したのだ。ポケットモンスターは、シリーズ累計、全世界で1億9000万本以上を売り上げた文字通りのモンスターソフト。2月に発売された当初は、売れ行きも渋いものだったが、小学生を中心に口コミで火がつき、ゲームボーイポケットが発売された7月頃には、完全なキラーソフトとなっていた。ゲームボーイポケットは相乗効果で好調なセールスを示した。

横井はようやく自分の中で納得をして、任天堂を退社できる態勢が整ったと感じた。

## 九円隊とマイハニー

１９９６年８月15日付けで任天堂を退社した横井は、休むひまもなく、９月には株式会社コトを設立する。横井を慕う任天堂時代の部下も数人、コトに移ってきた。横井はコトでなにを狙っていたのだろうか。私が横井にインタビューをしたのもこの頃だ。そのときのことははっきりと覚えている。アポイントを取り、私と編集を担当するE氏とともに、京都のコトへ挨拶に行った。現在は移転してしまっているが、当時のコトの社屋は、中京区車屋町《なかぎょうくくるまやちょう》にある普通の民家を改造したものだった。以前は呉服屋だったそうで、あちこちに古い京都の民家の味わいが残されていた。応接室の奥には掘り炬燵《ごたつ》のある和室まであった。横井はそこがお気に入りで、社内の会議もそこで行うことがあるという。

　私たちは社長室に通され、そこで私はインタビューをさせてほしいというお願いをした。横井は快諾してくれ、どのような内容にすべきかという話になっていった。私はまず「横井さんは、コトでどのような商品を開発しようとお考えになっているのでしょうか」と尋ねた。

　横井は「こんなものを作っています」と言って、棚から小さな商品を取りだした。「九円隊」という商品だった。当時、消費税が３パーセントだったために、どこで買い物をしても、３円や７円といった端数が出る。財布の中に１円玉や５円玉がたくさんあふれてしまって困っている人が多かった。九円隊はコインホルダーで、１円玉４枚と５円玉１枚が装着できるようになっていた。横井は席を立って、自ら実演してくれた。

「買い物をするときに端数が7円だったとしたら、親指でこう弾くだけで、スマートに7円が支払えます」。横井は姿勢がいいせいだろうか立ち姿が美しい。九円隊を腰の辺りに引き寄せ、7円を支払っている姿はモデルの決めポーズのようだった。しかし、やっていることは「7円を支払う」というみみっちいことなのだ。

正直に言えば、私はそのときあきれてしまった。任天堂のスター開発者だった人が、こんなものを開発しているのか。もっと言えば、ロングインタビューをして単行本化して、だいじょうぶなのかとすら思った。すると、横井は私の顔色を見て、突然こう尋ねた。

「あなただったら、これ、いくらなら買いますか?」

これは厳しい質問だった。内心は「50円でも買うかどうかは微妙だ」と思ったが、それをそのまま正直に言うわけにはいかない。横井の性格や人柄が分からない段階で怒らせてしまうわけにはいかないからだ。しどろもどろになりながら「えっと、200円ぐらいでしょうか」と答えると、横井は大笑いをした。

「こんなものに商品価値はありません。10円でも売れるかどうかはわからない。でも、銀行やスーパーで配布する景品としての需要は、ばかにできないほど大きいんです」

おや? と思った。この人は、ただ自分のアイディアにほれて商品化してしまう人ではなく、客観的に世間のニーズを見極めているぞと思いなおしたのだ。その次に横井が紹介してくれた商品が「マイハニー」だった。プラスティック製のマウスピースだった。

「私はゴルフをやっていて、インパクトのときに、奥歯をぐっと噛みしめるんですな。それで奥歯がもうボロボロなんですよ。歯医者に相談したら、スポーツ用のマウスピースがあるというんですが、これがものすごい高価なんですね。こんなもの、柔らかい素材で作れば安くできるわなと思って、作ったのがこれです」。私は「はあ」とあいまいな返事をすることしかできなかった。

しかし、1時間ほど話していて分かったのは、横井がある意味くだらない商品ばかりを私に見せたのは、私の緊張を解きほぐすためだったのだ。横井の前で、私はそうとう緊張していたようだ。次第に、私たち三人の話の中に笑い声が混ざるようになり、最後は完全に横井のペースで、爆笑ばかりになっていった。新幹線に乗らなくてはならない時間が来て、そろそろおいとましようということになったとき、あまりに面白いばか話の連続で、重要なことを聞き忘れていることに気がついた。

「最後に横井さん、ゲームの世界で新しい仕事をするおつもりはないんでしょうか」

横井は少し沈黙して、「あります。ただ、今は話せません。そやね、3年後だったら言えるかな」と答えた。

ビジネスの世界で生きている人はすぐピンとくるはずだ。「今は話せません」ということは、他社といっしょに大きなビジネスを動かしている最中だということだ。「3年後だったら」というのは、ゲーム機に必要な開発期間だ。つまり、これだけの一言で、横井は「某社からゲーム機を発売する仕事を動かしている」ということをほのめかしてくれたのだ。それで、任天堂から、右腕ともいうべき社員を引き連れてコトを設立した理由が分かったし、社員たちも任天堂を退職までして、横井についてきた理由が納得できた。まさか、任天堂の優れた技術者たちが「九円隊」を作るために、退社してコトに移籍するなどとは、信じ難かったのだ。

これが、1999年にバンダイから発売された携帯ゲーム機「ワンダースワン」だ。

## くねっくねっちょとへのへの

コトはワンダースワンの開発を軸として、小さな仕事もやっていた。その中でも、紹介しておくべきなのは「くねっくねっちょ」「へのへの」とジグソーパズルプリクラだろう。「くねっくねっちょ」は、キーチェーンゲームと呼ばれるもののひとつだ。1996年に、バンダイから発売された「たまごっち」が社会現象を引き起こすほどのブームになったことは覚えている人が多いだろう。この後、キーチェーンゲームと呼ばれるものが無数に登場する。価格は500円から1000円程度であり、キーホルダーぐらいの大きさだったため、一人でいくつも購入する人が続出した。今でも、ファミリーレストランのレジの横で販売されていることがある。

コトが作ったのは「くねっくねっちょ」という名前のゲームだった。これは別に新しいものではなく、コンピューターの黎明《れいめい》期から存在し、今ではだれが作ったのかすら分からなくなっているゲームだ。画面の中にヘビ（連続したドットで表現される）が現れて、うねりながら動いていく。壁に当たったり、自分の尻尾《しっぽ》に当たるとライフがひとつなくなるので、十字キーを使ってうまく操作しなければならない。画面にはエサ（ドットで表現される）が現れるので、これを食べるとポイントが得られ、なおかつヘビは長くなっていき、どんどん難しくなっていくというものだ。「へのへの」は後のワンダースワンゲーム「グンペイ」の原型になったようなゲームだ。いくつかの線パターンが描かれたパネルがせり上がってくるので、うまく操作して、左端と右端をつなげると、線が消えて得点が入るというゲームだ。

この分野では「ヒロ」という企業が、「テトリスＪｒ．」などを販売していたので、ここと提携し、企画開発コト、発売ヒロという形で販売した。

もうひとつがジグソープリクラだ。岐阜《ぎふ》県にある天龍《てんりゅう》工業との共同開発だったが、現コトの製品情報にも掲載されていないので、発売に至らなかったのかもしれない。私は、コトを訪問したときに試作機を見せてもらったことがある。当時流行していたプリクラマシンのバリエーションだが、撮影した写真がジグソーパズルになるというものだった。作成したジグソーパズルはフォトフレームのように立てることもできた。面白かったのは、コトの社員による説明で、ある点で先方（天龍工業のことと思われる）と議論がまとまらないという話だった。

コト側は、撮影した写真をもとにしたジグソーパズルがばらばらになって出てきて、家に帰ってから組み立てるという方式を提案していた。ところが、先方はばらばらにせずに完成した形で出すべきだと主張しているというのだ。「遊び」という観点から考えた場合、ばらばらになって出てきて、自分で組み立てる方がはるかに面白い。しかし、一方で「商品」と考えた場合、完成した形で出す方が正解だという感覚もわかる。

その後、このジグソープリクラがどうなったのかまでは追跡していないが、「遊び」と「商品」の違いを考える上で、面白い議論だ。１９９８年3月25日に「ジグソーパズル作成装置」として特許申請されている（出願番号：平１０－９８２８８）うえに、試作機まで作っていたのだから、発売の一歩手前まではいっていたことは確実だろう。

## 横井が狙っていた大人の携帯ゲーム機

横井は、「ポケットモンスター」のことに話題が及ぶと、口数が少なくなる。やや奇異な印象を最初はもったが、その理由はだんだん分かってきた。もちろん、横井はポケットモンスターの面白さをじゅうぶんに認めているし、そのようなキラーソフトが登場したことを素直に喜んでいた。ただ、横井の思惑としては、ゲームボーイポケットは、より高い年齢層に広がりをもつことを期待していたのだ。

それがポケットモンスターの登場で、完全に「ゲームボーイは小学生の使うもの」というイメージが定着してしまった。それは横井にとって、ちょっとした誤算だったのだろう。横井はゲーム&ウオッチのときも、当初は「サラリーマン」を狙っていた。ゲーム&ウオッチは、いい年をした大人が手の中で隠して遊べるデザインになっていた。

横井がなぜ「いい年をした大人」にこだわるのかは想像するしかないが、携帯ゲーム機も子供にしか普及しないと、ファミコンと同じ運命をたどらざるをえないことを懸念していたのだろうと思う。ゲームボーイ、ゲームボーイポケットは、モノクロ画面だ。子供たちはそれでも夢中になって遊んだが、当然ながらカラー化という要望は当初から寄せられていた。そして、カラー化されれば、次は解像度をあげてリアルな画面、ＣＰＵの性能を上げてリアルな表現と、公式化された進化の道をたどっていかざるをえなくなる。そうなれば、携帯ゲーム機ですらごく一部のマニアのものになっていってしまう。

本体は小さい、画面も小さいというのが携帯ゲーム機なのだから、本体価格もソフトの価格も極力抑えざるをえない。それで利益を出すためには、モノクロで解像度もそこそこで、ゲームが簡単に作れる環境でなければならない。しかし、カラー化や性能が向上していくと、製作コストが跳ね上がり、ゲームソフトの価格を上げなければ引きあわなくなる。カラー化以降の道は、行き止まりになっているのである。

一方で、大人はあまりカラーであるとか処理速度が速いとかにこだわらない。アイディアに富んだゲームであれば遊んでくれるのだ。今、携帯電話で遊べるゲームを見ても、圧倒的にテトリスなどのパズルアクションが人気だ。大人に普及させるというのは、携帯ゲームに新たな展開をもたらしてくれるのだ。しかもそこでは、技術の勝負ではなく、横井が大好きなアイディアの勝負になっていく。横井はワンダースワンを、そのようなゲーム機にしようと考えた。

## 遺作となったワンダースワン

ワンダースワンの最大の特長は、縦にも横にも使えるという点だ。テトリスのような縦型のゲームでは画面を縦にして遊べ、マリオシリーズのような横スクロールゲームでは画面を横にして遊べる。これは小さなことに見えて、実は大きい。現在の携帯ゲーム機は、横表示が主流だが、このような横表示のゲーム機で、テトリスのような縦型ゲームをする場合、横画面に縦ゲームを表示するため、プレイフィールドが狭くなってしまう。今、ほとんどのデジタルカメラには、加速度センサーが搭載され、カメラを回すと自動的に写真が回転して表示されるようになっている。これがないと、縦写真も横画面の真ん中に小さく表示されてしまう。大きな問題ではないと思われる方も多いかもしれないが、画面いっぱいに表示されるということは、もともと画面が狭い携帯ゲーム機では、大きなことなのだ。

しかも、「縦にも横にも使える」というのは、テレビゲームでは絶対に真似ができないことだ。もし、大画面テレビを簡単に縦に回転できて遊べるゲームがあったら、それはそれで面白いと思うのだが、そうなることはないだろう。そのためだけに、画面を回転する機構を組み込むことはできないからだ。横井は、テレビゲームには絶対に真似のできない特長をワンダースワンに持ち込んだ。ただし、この縦横両用の場合、ボタン類の配置が難しい。横のみであれば、左に十字キー、右にABボタンを配置すれば問題ないが、縦横両用であれば、縦にしても十字キーとボタンが、横にしても十字キーとボタンが来るように配置しなければならない。この点では、横井はかなり試行錯誤をしたようだ。ワンダースワンの特許申請「手持ち型液晶ゲーム機」（出願番号2001－863）を見ると、この試行錯誤の跡がよくわかる。

代表図面では、十字キーがひとつ、ボタンが2カ所に配置されているというものになっている。しかし、これでは縦にした場合は左に十字キー、右にボタンとノーマルな配置になるが、横にした場合は左にボタン、右に十字キーと一般的ではない配置になってしまう。あるいは画面ごしにボタンを使うのであれば、左に十字キー、右にボタンというノーマルな配置になるが、かなり使いづらいことになってしまうだろう。

一方で、3カ所とも十字キー、3カ所ともボタンという図面も掲載されている。結局、最終的には、ボタン型に改良した十字キーが2カ所、ボタンが1カ所という配置になった。横に使う場合は、左に十字キー、右にボタンとなり、縦に使う場合は左右とも十字キーという形になる。右側の十字キーをボタンとして使う形だ。

ワンダースワンには、あまり知られていないもうひとつ大きな特徴があった。ワンダーウィッチの発売だ。ワンダーウィッチは、ワンダースワン用のソフトウェアを開発できるキットで、1万6800円という低価格で発売された。一般的に、家庭用ゲーム機、携帯用ゲーム機の開発環境は、業者でしか購入できないほど高価で、アマチュアが入りこむ余地がないのが普通だ。

しかし、ワンダースワンは、たった1万6800円の投資で、実力さえあればソフトウェアを作ることができたのだ。発売元のキュートの主催で、プログラムコンテストも開催され、優秀作には製品化の道も開けていた。これは、今までにない新しさだった。

ある時、横井は私に秘蔵のゲームボーイソフトを見せてくれたことがある。フランスのマニアが作ったものだが、あまりに面白いのでコピーさせてもらったのだという。それはゲームというよりデモ画面のようなものだった。スタートさせると、高さ7、8ドットの小さなマッチ棒のような線画の人間が登場する。右側から男性が歩いてきて、左側からは線画であってもそれとわかる女性が歩いてくる。中央で出会った二人は、そこで性行為を始めるのだ。それもさまざまな体位をとる。とても子供には見せられない内容で、ゲームボーイのソフトとしてはふさわしくないものだったが、横井のお気に入りだった。必要最低限のドットしか使っていないのに、ちゃんと男性であることがわかり、女性であることがわかる。そして、二人がどんな行為に及んでいるのかもよくわかる。

「こんな線画でも、興奮してくるのだから、人間の想像力ってすごいもんやろ」

横井が望んでいたのは、まさにこういう想像力を刺激してくれるゲームだった。

ワンダーウィッチの開発や発売には、横井は関わっていないが、開発環境を発売して、多くの人がワンダースワンソフトの開発ができるようになることは歓迎していただろう。ワンダーウィッチは、一時期熱狂とも言えるほど盛り上がったが、ワンダースワンカラーが発売されると、急速に人気を失っていく。カラーになると、絵づくりが上手なソフトがどうしても評価されがちになってしまうからだ。ゲームのアイディアを考えられて、絵も描けるという人は極めて少ない。カラーで、人気の出るゲームを作ろうとしたら、最低でもゲームのアイディアを考えられる人と、絵が描ける人の共同作業にならざるを得ない。そうなると、本格的に開発をしなければならず、アマチュアにはハードルが高くなってしまう。アマチュアが一人で作るゲームソフトなど、レベルは低いに決まっている。しかし、目のつけ所が面白ければ、それをプロが見て、本格的な製品化を支援するなどして、新たなゲームが生まれてくる可能性がある。

なによりも、横井自身が本来はアマチュアで、木の棒を使ってウルトラハンドの原型を作ったことにより、本格的な開発者の道を歩み始めたのだ。ワンダースワンのこの試みは、必ずしも成功したとはいえないが、閉塞《へいそく》感の漂い始めていたゲーム業界に新たな風を吹き込んだのだ。

今、アップルのｉＰｈｏｎｅがたいへんな人気となっている。ｉＰｈｏｎｅの人気の秘密は、１２０万本以上と呼ばれるアプリが存在し、自分の好きなものを選んで、自分の使いたい携帯電話を作ることができる点だ。アプリの開発は、多少のプログラミング知識さえあればだれにでもでき、費用も1万８００円のベンダー登録費のみだ。アイディアさえあれば、面白いアプリが作れることから、多くのアマチュア、プロがアプリ制作に参入し、豊かすぎるほどのｉＰｈｏｎｅ生態系を生み出している。ワンダースワンが狙っていたのは、間違いなくこの世界だった。しかも、画面を縦にも横にも使うという発想も同じだ。

横井の発想やアイディアを直接受け継いでいる人間は今は存在しない。強いて言えば、宮本茂だろうが、横井は玩具、宮本はゲームデザインと畑がやや異なる。しかし、ウルトラハンド以来の横井の発想は、ことごとく輪廻《りんね》転生して、今の世に蘇《よみがえ》ってきている気がしてならない。私たちが今すべきなのは、「枯れた横井の水平思考」なのではないだろうか。

１９９９年3月4日に４８００円で発売されたワンダースワンは、翌年カラー化されたワンダースワンカラー、液晶を改良したスワンクリスタルと進化し、国内で約３００万台を売り上げた。本家ゲームボーイシリーズの国内３０００万台と比べれば、桁が違うが、ソフトも１９７タイトルが発売され、一定の地位を占めることに成功した。

しかし、返す返すも残念なのは、横井はワンダースワン発売の前に、自動車事故にあって命を落としてしまい、発売を自分の目で見届けることができなかったことだ。

１９９７年10月4日、北陸自動車道での事故だった。聞くところによると、同乗していた車が事故を起こしたため、横井は車外に出たという。二次災害を防ぐために車を押して路肩に寄せようとしたのだ。そこで後続車と接触してしまったという。

横井は、最期の一瞬まで〝横井軍平〟だった。

# 特別付録　横井軍平のらくがき

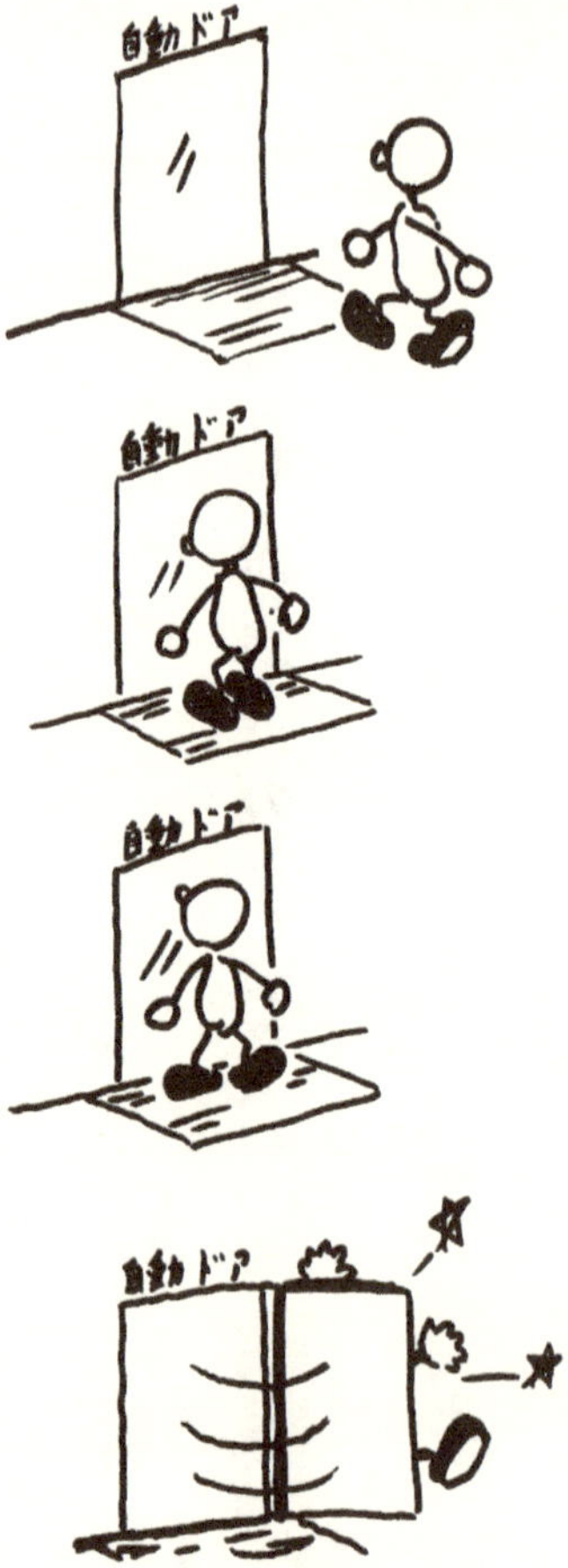


『横井軍平ゲーム館』インタビュー時に、横井がゲーム&ウオッチのゲームの発想の元はカートゥーンだという話をしてくれた。どんなカートゥーンなのかと尋ねると、横井はその辺りにあった紙切れにマンガを描き始めた。「これ、書籍に掲載させてください！」とお願いしたら、横井は「だめだめ、こんな雑なもの、恥ずかしい」と拒まれた。翌日、横井が出してきたのが、このイラスト。夜中に清書してくれたのだそうだ。

ゲーム&ウオッチで遊んだ経験がある人は、このイラストに懐かしさを覚えるだろう。ゲーム&ウオッチの初期のゲームは、横井本人がコンパスと定規を使ってグラフィックを描いていた。このイラストは、ゲーム&ウオッチのグラフィックそのままの味わいがあるのだ。後に、ゲーム&ウオッチのグラフィックは宮本茂が担当することになる。

横井は、米国のカートゥーンアニメをよく見ていた。どんな作品を見ていたのか尋ねると、「ポパイ」「ミッキーマウス」「トムとジェリー」「ウッドペッカー」などの作品名が出てきた。物理法則を無視した小さなギャグが大好きだったという。このようなギャグが、ゲーム&ウオッチのみならず、横井の玩具に色濃く反映されている。

横井の墓標には、このイラストがそのまま刻まれている。カートゥーンは横井のアイディアの源泉だったからだ。その墓標をデザインしたのは、今でも横井を師匠と仰ぐ宮本茂だ。任天堂の社員の中には、未だに横井のお墓にお参りを欠かさない人たちがたくさんいる。あれだけ賑やかで忙しかった横井も、今では静かにひっそりと眠っている。

# 鼎談　任天堂と横井軍平

牧野武文（ＩＴジャーナリスト／本書著者）
山崎功（任天堂コレクター／Ｗｅｂディレクター）
遠藤諭（角川アスキー総合研究所取締役／元「月刊アスキー」編集長）

## 世の中が横井さんを呼んでいる？

**牧野**：不思議なことなのですが、世の中が横井さんのことを呼んでいる気がするんです。

**遠藤**：でた！　いきなりオカルト話ですか。

**牧野**：『ゲームの父・横井軍平伝』（本書の単行本刊行時のタイトル）をだしたのは、角川書店の方から「横井さんの伝記を書けないか」と声をかけていただいたからです。そして偶然、同じ時期にフィルムアート社の方からも『横井軍平ゲーム館』を復刊したいといわれたのです。自分の方から「書かせてくれ」「復刊してくれ」と頼んで回ったわけでもないのに、同時にふたつの出版社が横井さんの本をだしたいといってきた。

**遠藤**：刊行したのは、ほとんど同時だったですよね。２０１０年ですか。

**牧野**：それから4年が経ち、角川書店の方から、そろそろ『横井軍平伝』を新書にしましょうというお話がありました。するとまたまた偶然、ある出版社から『横井軍平ゲーム館』を文庫に入れたいというお話がきたんです。なんか、この2冊の本はタイミングが合うんですよね。

**山崎**：ふたつの出版社が申し合わせてやっているわけじゃないわけですからね。

**牧野**：でも、『横井軍平伝』の出版と『横井軍平ゲーム館』の復刊がされたときに、僕、けっこうネットとかで叩《たた》かれたんですよ。「商魂たくましい」とか「横井さんを商売にしている」とか。

**遠藤**：え？　そんなこと考える人いるんだ。出版って今や慈善事業だという人もいるのにね。

**牧野**：まあ、それはいいんですけど、この偶然はどういうことだろうと考えると、2010年は任天堂の携帯ゲーム機「ニンテンドーDS」が、ゲームボーイがもっていた「世界一普及したゲーム機」の記録を塗り替えた翌年なんです。

**山崎**：ニンテンドーDSは2004年発売で、2007年、2008年ぐらいに、ニンテンドーDSとWiiが大ヒットしてますね。

**牧野**：で、今はスマホゲーム全盛の時代になっていますが、少し動きがでてきました。任天堂もDeNAと業務提携をして、そこを足がかりにスマートフォンに進出していこうと考えていますし、スクウェア・エニックスがスマートフォンに本格参入して、かなりクオリティの高いゲームを発表し続けています。この数年のスマホゲームというのは、ガチャに代表されるゲーム性の低い課金／集金システムのようなものが大半でしたが、ゲーム性の高い本格的なゲームがスマートフォンで遊べるようになってきました。こういう時期に、また世の中が横井さんのことを知りたいと考えている。とても面白い現象ですね。

**遠藤**：ああ、だから「世の中が横井さんを呼んでいる」なのね。

## イノベーションと「枯れた技術の水平思考」

**遠藤**：「ヘンな人募集」というのを総務省がやっていますよね。「独創的な人向け特別枠『異能vaiton』プログラム」です。あれの事務局を実は角川アスキー総合研究所がやっているんです。

僕はほとんど関わっていないんですけど、総務省へのプレゼンをやることになってしまったんですが、資料もなにも用意されていない。これは困ったなあと悩んでいて、結局、総務省のプレゼンで横井軍平さんの話をしてきました。イノベーションというのは技術革新のことではないわけです。技術革新は技術革新であって、そのテクノロジーをどうフットワークよく商品にするかということで、僕の中ではイノベーションというと横井さんじゃないかと思っています。

**牧野**：「枯れた技術の水平思考」ですね。

**遠藤**：その言葉って、イノベーションという言葉と同じ意味ですよね。テクノロジーというものがあって、縦に技術を掘っていくのではなく、水平にそれをどう使って、どう演出して、コンテンツ化していくか、その発想力というのがとても重要なんですね。水平思考というのはまさにそのことをいっているんですね。日本のテクノロジーってフットワークなんですよ。

**牧野**：フットワーク？

**遠藤**：カラオケでもプリクラでもデカラケでもそうなんですけど、日本のテクノロジーって、実はものすごく突き詰めることって苦手なんですよね。サイエンスの世界で、強い組織力で一気呵成《かせい》に成果をだすということが米国ではありますけど、あれ、日本は苦手なんですね。組織力というのがなくて、どちらかというと、一人の発想力に富んだエンジニアがいて、太っ腹の部長がいて彼を遊ばせている。そういうところから、思いもしなかったものが生まれてくる。日本の70年代、80年代はまさにそういう部分があったのです。まじめに大勢でコツコツやっている一方、そういう茶目っ気のある発想ができるのが日本のよさであって、横井さんはそれを体現している人なんですね。

**牧野**：アナログの玩具《がんぐ》から、デジタルの玩具まで手がけていますからね。

**遠藤**：ある意味、そのまま続けられた人なんです。日本ってもともとはそうだったのに、いつからか硬直化して、そういう人がいられなくなっていった。だから、僕は横井軍平さんが特別の人というよりは、もともと日本のテクノロジー、日本のエンジニアってそうだったよね、それを体現している人、そういう印象なんですよ。だから今、横井さんのような人がすごく重要です。ネットワークテクノロジーとかマイクロエレクトロニクスが、ある飽和期のような状況になっています。モノのインターネット化、IP化することも、まだまだではあるけど、ほとんど見えてきている。そろそろ一段落じゃんみたいな議論がある。そういうタイミングで、むしろどういう商品を考えるのかとか、どうやって人を感動させるかということが重要になっています。それで、「横井さんが呼ばれている」感があるんじゃないですかね。

**牧野**：それともうひとつ重要なのが、横井さんはイノベーションのつもりではやっていなかったと思うんですね。

**遠藤**：まあ、イノベーションを起こすと口に出してやっているやつに、ろくなやつはいません（笑）。

**牧野**：横井さんのやっていることは、横井さんが子供のころ遊んで楽しかった遊びを、今のテクノロジーをつかって再現しているということなんですね。だから、遊びのなにが面白いかという本質は、テクノロジーが違ってもちゃんと生きている。

**山崎**：先日、横井さんのかつての同僚で友人の方にインタビューする機会があったんですが、その方の話だと、横井さんが入社したことで任天堂は変わったといっていました。横井さんの存在が周りを変えていったそうなのです。それを見いだした山内溥さんもすごいと改めて思います。当時、横井さんは外車に乗って出勤していたんですけど、外車で出勤って、山内さんと横井さんとその友人の方の3人だけだったみたいですね。遊び好きで、派手好き。3台並んで駐車していたそうですよ。

**遠藤**：それは任天堂が花札やトランプをつくっていたころの話でしょう?

**山崎**：ええ、玩具をやり始めたんですけど、最初は他社の真似や海外で売れたものの真似から始めたんですが、あまりうまくいかなかったようです。

**遠藤**：まあ、日本のテクノロジーはそうやって真似から始まりますからね。

**山崎**：そこに横井さんがでてきて、新感覚でオリジナルで大人も子供も楽しめるという玩具をつくり始めて変わったんですね。でも、玩具はどうしても アイディア商品なので、飽きられるのも早い。それで会社を安定させたいというので、業務用、アーケードの世界に進出するんですけど、それもきっかけとなったのが横井さんの開発したレーザークレーなんですね。それまでの任天堂は、花札、トランプ以来のソフトウェアのノウハウはあったんですけど、技術力がなかった。それがレーザークレーという大型施設をきっかけにアーケードマシンを開発することで鍛えられ、のちのちゲーム&ウオッチやゲームボーイをつくるときに役立っていくのです。そこでソフトとハードが融合するんですね。任天堂がそういう節目のタイミングには、必ず横井さんが中心にいたんですね。

**牧野**：横井さんは、間違いなく任天堂のエースであり続けましたよね。任天堂の玩具って、当時は横井軍平という名前も知らないし、任天堂の製品かどうかも気にしてませんでしたけど、ウルトラマシンにしても、光線銃にしても、ゲーム&ウオッチにしても、記憶に残っているものはすべて横井さん作だったわけですから。

## 横井、宮本、岩田を見いだした山内の眼力

**牧野**：任天堂のディズニートランプを見て驚くのは、ただのトランプではなく、トランプゲームの遊び方を解説した小冊子が中に入っているんですよね。あれって、要はハードウェアとソフトウェアをオールインワンする発想でしょ？　他のカードメーカーはああいうことやっていないのかな？

**山崎**：うーん、正確にはわからないですけど、任天堂以外ではあまり見かけないですね。

**遠藤**：僕が書いた『計算機屋かく戦えり』の中に任天堂に関係する部分が一カ所だけでてくるんです。それは、日露《にちろ》戦争のときに、ロシアの船を拿捕《だほ》する。その船の中に機械式計算機があ

って、それがタイガー計算機に影響を与えているか否かという議論があるんですけど、その拿捕された船に乗っていたロシア兵が舞鶴《まいづる》につれてこられたときに「トランプがほしい」といいだした。それを任天堂がつくることになったという話です。

**山崎**：そこが疑問なところで、そういう資料もあるんですけど、そうじゃない資料もあるんですね。任天堂の会社案内には1907年にトランプの製造に着手したと載っていたので。でも、90年代後半から、会社案内の記述が1902年に変わるんです。どういうことか任天堂に聞いてみたんですけど、真相はよくわからないみたいです。

**遠藤**：日露戦争が1904年だから、日露戦争前からつくっていたことになりますね。まさか、書いている字が汚くて、2と7を取り違えていたみたいな話じゃないでしょうね（笑）。

**山崎**：1902年って、骨牌《こっぱい》税が施行されたときなんですね。花札などのかるた類を製造すると骨牌税を支払って印紙を貼るわけです。トランプは対象外だったのでそれを逃れるために、米国から輸入をして製造販売したという説もあります。

**遠藤**：花札がやばくなったので、トランプという新商品に進出した。

**山崎**：創業家である山内一族の嗅覚《きゅうかく》ですね。三代目社長山内溥さんの功績はいろいろありますが、山内さんのいちばん大きな役割というのは、人を見る目だと思います。才能のある人たちを見抜いて、チャンスを与えて、才能が開花する舞台を提供する。

**遠藤**：宮本茂さんを見いだすのだって、一見むちゃくちゃに見えますよね。でも、それは人を見る目をもっていないとできないことだから。

**山崎**：宮本茂さんも岩田聡さんも、才能があったのはもちろんですけど、最初はなんの実績もなかったわけですから。それを見いだしたのが山内さんですね。

**遠藤**：岩田さんがいきなり任天堂の社長になったというのはどういうことなの？　僕らは当時、ものすごく驚いたんだけど。

**山崎**：岩田さんが所属していたハル研究所が倒産しそうになったとき、山内さんが出資をするかわりに社長に指名したのが岩田さんだったんですね。それから任天堂の社長にも指名された。

**遠藤**：それってすごいことじゃない？　だって、ハル研究所は面白い開発をやってはいたけど、大会社じゃないわけで、そこの社長がいきなり任天堂のサイズの会社を回すことになるなんて。

**山崎**：宮本茂さんがおっしゃっていたんですけど、ハル研究所はものすごく開発力があったんですね。山内さんは、そのハル研究所をなくしてしまうのはもったいないと考えたようです。

**牧野**：普通の経営者だったら、ハル研究所を吸収合併して、岩田さんを部門長にするという発想をするはずですよね。

**山崎**：任天堂って、縦割りというか、いろいろな部門が競い合う形の組織体制をとっているんですね。ですから、社内でライバル関係がいっぱいある。それを山内さんだからうまく回せていたと思うんです。岩田さんは外部の人間だったので、どこの部門ともうまくコミュニケーションをとっていて、そこを山内さんは評価したんだという話がありますね。だから、ハル研究所の再建を岩田さんに任せて、そこで岩田さんを試して、うまくいったから任天堂の社長にという思いがあったんじゃないでしょうか。

## モバイルという発想の魁

**遠藤**：僕はよく任天堂とアップルを比較していて、「iPhoneはゲームボーイだ！」というのが持論なんですよ。これって、一見頭の悪そうな比較なんですけど、考えれば考えるほど似ている。アップルも縦割りで、複数の部門が競い合って、製品を生みだしていくんですね。iPhone4は非力なA4プロセッサを採用していて驚いたんですけど、その非力なプロセッサでも、操作感が遅く感じないようにする工夫がものすごくたくさんやってあって、その辺りもゲームボーイに通じるんですね。

**牧野**：そもそも「携帯するデバイス」という発想はいつぐらいに生まれたものなんでしょう。

**遠藤**：それは電卓とか電子手帳とかウォークマンとかいろいろ10ぐらいの源流があって、長いですよね。日本は強かったですね、携帯デバイスは。

**牧野**：でも、時代順でいうと電卓あたりがいちばん古いわけですよね。

**遠藤**：うーん、携帯することがエポックメイキングという点だと、NTTの前身である電電公社《でんでんこうしゃ》がすごくて、80年代に携帯電話がでてきてしまうんです。米国でも開発はしていたけど、いろんな事情もあり実用化は日本の方が早かったりするわけですね。

**牧野**：電卓で携帯性があるというと、有名なのはカシオミニですよね。あれって、携帯して使うということを意識して小さくしたんですかね。

**遠藤**：あれは、ボウリング場でスコアの計算をしたいのでつくったという説がありますね。

**牧野**：当時の言い方だと、ポケット電卓みたいに呼ばれていたんですよね。これってモバイルというのとは少しニュアンスが違うような気がするんです。

**遠藤**：モバイルじゃなくてポータブルね。

**牧野**：そうです。ポータブルというのは、今ここではない場所で使う予定があるのでそこに携帯して、その場所で使うことを想定している。モバイルというのは、使う場所はどこでもよくて、常に携帯して、スキマ時間が生まれたらその場で使う。

**遠藤**：ああ、歩きながら使っちゃうとかね。

**牧野**：そうなんです。だから、今いっている〝モバイル〟の始まりって、ゲーム&ウオッチからじゃないかと思うんですね。どこかでゲームをしたいからもっていくのではなく、とにかく携帯して、車の中でも電車の中でも都合のいい場所のどこでも遊ぶ。そういうポータブルではなくモバイルの発想って、横井さんが生みだしたんじゃないかなと思うこともあるんです。ただ、横井さんも「モバイル」なんていう発想をしたんじゃなくて、小さな玩具なら子どもたちはどこでも遊ぶ、だから持ち歩けるデザインにしなければいけないという発想だったと思いますけど。

**山崎**：ゲームボーイ時代の他社の玩具を見ても、少なくともモバイルデバイスをケーブルで接続して遊ぶというスタイルのものはちょっと見当たらないんですよね。他社はあまり注目していなかったんですね。

## 日本の玩具作家の代表格

**遠藤**：横井さんは確かにすごい人なんだけど、あえてちょっと問題のある言い方をしたいんだけど、アスキーで『横井軍平ゲーム館』を担当した編集者の榎本統太《えのもととうた》と著者の牧野さんがでっちあげたんじゃないかなと。

**牧野**：えー？

**遠藤**：いや、横井さんがすごい人であることはほんとうですよ。でも、『横井軍平ゲーム館』の企画を承認するときは、僕も横井軍平さんの名前を知らなかった。「ウルトラハンドならおれに語らせろ」といいたくなるぐらい、あの時代の玩具やエレクトロニクス機器は大好きだったんだけど、横井さんのことは知らなかった。玩具の世界には、すごい人がたくさんいるんですね。とんでもない発想をし、とんでもない玩具をつくる。玩具作家ってアルキメデスみたいな人がたくさんいる。でも、ほとんどの人が歴史の中に埋もれていっちゃうんですね。だから横井さんという人を顕在化させたのが、『横井軍平ゲーム館』を担当した編集者の榎本と著者の牧野さんの二人じゃないかと。歴史ってそういうものなんですよね。だれかがたくさんの面白い事象の中から、いくつかを発掘して、それが固定化されて歴史になって、後の人がそこからいろいろ学んでいく。それの繰り返しが歴史だと思うんですね。だから、横井さんは玩具作家の代表みたいな人であって、他にもたくさん横井さんのような人がいたと思うんですね。僕は、その姿がとても日本のテクノロジーのあり方を表していると思う。

**牧野**：『横井軍平ゲーム館』が生まれたきっかけは、アスキーの編集者が「任天堂のゲームボーイの開発をした人の取材をして本にしたい。だからインタビューと執筆をお願いできないか」といってきたことですね。

**遠藤**：あれは1997年だから、ポケットモンスターがでてゲームボーイがものすごく売れていた時期ですね。

**牧野**：ええ。だから、僕としては最初に話を聞いた瞬間は「ゲームボーイ本」というイメージだったんです。

**遠藤**：あれ、確か、最初の仮タイトルも「ゲームボーイ」を意識したものだったですよね。

**牧野**：「ミスターゲームボーイ」（笑）。帯のコピーをミスタージャイアンツの長嶋茂雄さんに依頼しようとか、二人で盛りあがりました。でも、打ち合わせをしてみたら話が違ってきた。ゲームボーイをつくっただけの人じゃなくて、ウルトラハンド、ウルトラマシンというアナログ玩具も手がけた人だということがわかって、僕はびっくりしてしまったんです。アナログ玩具も手がける、デジタル玩具もつくる、これはただならぬ人だと。担当編集者も「これはすごい人だ」と興奮していましたね。
**山崎**：あの本が出るまでは、任天堂は開発者個人をあまりメディアに露出させなかったですからね。宮本茂さんですら、スーパーマリオの開発者としてときどき名前がでるぐらいでしたから。
**遠藤**：任天堂はやっぱりドンキーコングからだよね。アメリカにも進出して、いきなり訴えられてね。何十時間以内に回答せよみたいな。でも、そういうプレッシャーに対抗して張っていける企業ってすごいよね。
**山崎**：あのあたりから任天堂は、オリジナリティーに強いこだわりをもつようになりましたね。
**遠藤**：やっぱりファミコンがブレイクして、やたらに任天堂がキーワードになった時期がありましたよね。それまでの任天堂は、一玩具メーカーという感じではありましたね。
**山崎**：山内さんの考えだと思うんですけど、玩具って目立たないと売れない、だからネーミングに関しては、山内さんがかなり関わっていたそうです。そのネーミングを聞いたときに「なんだ、これは？」という驚きがなければいけない。
**遠藤**：あの掃除機、なんだっけ？　チリトリー！　あれはもう、超脳みそに刺さってくるネーミングですよね。ラブテスターもショックだったな、僕の人格に影響を与えていますよね。だって、女の子の手を握れるんですよ、あれを言い訳にして。一時期、僕はいつも持ち歩いていました。その甲斐あって何かのイベントのときに女優の中嶋朋子《なかじまともこ》さんとラブテスターをさせていただいたり。あと、ツイスターゲームね。

**山崎**：あれも、最初に輸入販売したのは任天堂ですね。

**遠藤**：そうだったんだ！　あれも女子のお尻《しり》がプリンとあたるところが想像できちゃうのね。

**山崎**：横井さんもおっしゃっていたんですけど、普通の玩具というのは何歳から何歳向けみたいな子供向けなんですよね。でも、任天堂は玩具じゃなくて、大人も子供もファミリーで楽しめるものをつくっている意識だそうです。ゲームというのは、子どもが大人にも勝てる唯一のものだからです。

**遠藤**：遊びって、すべてそうだよね。

**山崎**：当時そう考えていたのは、玩具メーカーの中では任天堂ぐらいですね。

**牧野**：関西にある玩具メーカーというのも珍しいですよね。

**山崎**：そうですね。ほとんどは東京の葛飾《かつしか》区、台東《たいとう》区に集中してましたから。さらに開発技術も任天堂は高くなかったですから、差別化をはかるために工夫をしていったんじゃないでしょうか。山内さんがそういう思いをもっているときに、おなじ感覚をもっていた横井さんが入社してくることで、任天堂は大きく変わっていくんですよね。

## 開発者が開発だけに専念できた時代

**山崎**：任天堂って、経営的な数字ってあまりいわない会社なんですよね。横井さんも宮本さんも、「この商品の売り上げ目標は」みたいな話はいっさいしていませんよね。「このゲームはこんなに面白いんです」と商品の魅力を話しますよね。山内さんのインタビューでもそうですね。こういう取り組みをしますとか、こう考えますとかはいいますけど、経営数字のようなことをいわないですね。

**牧野**：でも、エンターテインメント商品って、ほんとうのことをいったら、売り上げ目標なんか立てられませんよね。売ってみないとどれくらい売れるかなんてわからない。それに同じ10億円の売り上げでも、次につながる10億円と、そこで終わりの10億円じゃまったく意味が違う。

**遠藤**：でも映画なんかだと、売り上げ予測が立つものもあるんです。それは上映スクリーン数、出演俳優などで決まってきます。洋画の大作なんかがそうで、目標達成があたりまえの世界。いっぽう、単館とまでいわなくても、小規模から展開してくる邦画なんかは予測がつかない。で、伸び代があるのがそういう興行収入で数億から数十億をめざす映画なんですよね。

**牧野**：売り上げ予測が立つエンターテインメントというのは、予測が立つ仕組みをつくりあげてきたわけですよね。

**遠藤**：それはそう。そういう意味では玩具やゲームは危ない方の部類。伸び代だらけ。フラフープとかダッコちゃんとか、異常なブームが起こることがありますね。任天堂の商品って、そういう売れまくったものってあったたんだろうか。

**山崎**：ゲーム&ウオッチもそうですし、光線銃シリーズもそうですよね。

**牧野**：でも、社会現象にまでなったとなると、やっぱりゲーム&ウオッチですかね。

**山崎**：国内で1287万台、海外と合わせて4340万台も売れました。

**牧野**：コピー商品まで含めると1億台を超えているとも。

**遠藤**：亜流の商品は当然でてくるでしょ。

**牧野**：亜流というより、もろにコピーした違法商品ですね。基盤をコピーして流用した商品なんかも海外で違法生産されましたから。

**山崎**：それで商品のライフサイクルが短くなってしまったので、次のファミリーコンピュータではライセンス制度をつくったんですね。

**牧野**：遠藤さんはさきほど、「日本の企業というのは、横井さんに代表される才能のあるエンジニアやクリエイターを太っ腹の部長が遊ばせていた。そこからいろいろな発想のものが生まれてきた」とおっしゃいましたね。そのとおりだと思うんですけど、今の日本の企業って、そういう感覚残っていますか。

**遠藤**：ないよねえ、余裕がなくなっちゃったんですよ、僕が弁護することでもないんだけど。ただ日本の企業って、伝統的にそういうところがある。偉い人が「おれの目の黒いうちはこうだ」みたいなことをいって、だれかに目をかけて自由にやらせるみたいなことがあるんですね。アメリカは設計書をきちんと書いてやる、いっぽう日本はあうんの呼吸でみたいなことで、人を信頼して任せてしまう。それは日本の文化に根ざしていて、日本のダメなところでもあるんだけど、いいところでもあるんですね。企業に余裕があれば、すごいものが生まれてくる。

**牧野**：でも、それって余裕がないと、大失敗になることもありますよね。

**遠藤**：そこはさ、日本は温帯モンスーン気候で温暖だから、大コケしたって死なないもんみたいな感覚があったんですよ（笑）。そういう感覚がなんとなくあるんじゃないかと思います。でも、今は国境がなくなっていて、世界がひとつになって、ちょっとの失敗も許されない状況になっている。企業人はほんとつらいですよ。だから、横井さんの時代はほんとにハッピーな時代だったと思いますね。

**山崎**：横井さん時代の任天堂は、開発者は開発だけに専念できていたと思いますからね。

**遠藤**：開発をするときに、他社のもっている知的財産権を侵さずにつくるって、ほんとうはものすごくむずかしいわけです。日本の電機メーカーなんかはお互いにそれがわかっているから、クロスライセンス契約なんかを結ぶ。それ以前というのは、けっこうイケイケで、他者の特許や実用新案などを考えずにものをつくっていたような時代もあったわけです。企業の法務部にいた人がいってましたけど、昔の法務部というのは、開発部がむちゃくちゃをやるので、それの尻拭《しりぬぐ》いをする、そのために外と戦うのが法務部みたいな部分があったと。それがあるときから、知的財産権がうるさくなって、それを侵さないように監視する社内警察のような部署になってしまったと。180度やっていることの方向性が違ってしまったといっていました。

**山崎**：任天堂も、社員を平気で遊ばせて、そこから面白い発想のものを生みだしていた企業ですものね。

**牧野**：でも、それもある意味つらいですよ。ほんとうにまるまる遊んでいいわけじゃなくて、成果がでているから、それが許されるわけで。

**遠藤**：僕は、アスキーに入社してから今まで、一度も働いた感覚がないけどね（笑）。

**牧野**：それは成果をだしているからですよ。横井さんも遊んでいながらも、同時に重いプレッシャーを感じていましたよね。

**山崎**：そうですね、ヒットをだせばだすほど、周りの期待が大きくなっていきますから。

**牧野**：面白いのは、横井さんと山内さんの関係です。周囲の人の多くが、あの二人は親子のようだったと。言い争いをすることもたくさんあったが、親子げんかのようだったというんですね。横井さんも製品ができると、いちばんに山内さんに見せて、社長の喜ぶ顔が見たいというようなことをいう。

**山崎**：それは、横井さん以外でも、任天堂の当時の方々はみな似たことをいいますね。山内さんの喜ぶ顔が見たいと。社長が嬉《うれ》しい顔すると、やりがいがあると。

**遠藤**：京都という風土が醸しだすような文化は関係あるんですかね？

**山崎**：玩具メーカーが集中している東京から離れているということが大きいのだと思います。周りに玩具メーカーがあると、真似するつもりはなくても、気になって影響されてしまう。京都にいると、そういうノイズが入ってきませんから、自然に独創的になっていく。

**遠藤**：オムロンとか京セラもそうなのかもしれませんね。

## スマホとゲームの可能性

**牧野**：任天堂もＤｅＮＡと提携する、ゲームソフトメーカーも次々とスマートフォンに本格参入する。今、家庭用ゲーム機から携帯ゲーム機へ、携帯ゲーム機からスマホゲームへという流れができているように、一見見えますが、今後もその流れが続くんでしょうかね。

**遠藤**：スマホゲームは、伸び代はめちゃめちゃありますよね。日本は去年スマートフォンが２７００万台ぐらい出ていて、ガラケーを使っている人が3割。ワールドワイドで見ると、人口が70億人いて、30億台ぐらいのスマートフォンが稼働することになる。もっと多いかもしれない。

**牧野**：ゲームの内容の可能性という点ではどうですか？

**遠藤**：グーグルのイングレスのような面白い位置ゲームなんかが、その可能性を示していると思いますね。いろいろなセンサーがすべて入っているというのがあたり前になってきましたから。ただ、携帯ゲーム機というのは5年とか7年、機器の機能を固定化することで、そこからいろいろなゲームが花開いていったわけですが、スマートフォンはどんどん進化してしまう。ｉＰｈｏｎｅですら、毎年どんどん機能が変わっていく。その点では、ゲーム機に比べて不利な点がありますよね。でも、センサーとかコミュニケーションを利用したとんでもないゲームがでてくる可能性はあるでしょ。

**牧野**：ゲームの幅が広がっていく？

**遠藤**：広がっていくというよりも、もうLINEがひとつのゲームでしょ？　Facebookも「いいね！」がたくさん押されるかコメントがつくかなんて、ほとんどトランプゲームの大富豪でカードが続くかとかの世界。ソーシャルメディアもゲームなんですよ。だから、インビジブルゲームの時代がきてるんではないでしょうか。今まではゲーム機という立てつけの中でしかゲームは遊べなかったけど、今は、ゲームがもっているスリルだったり意外性だったりコミュニケーションというものがばらけてきて、すべてがゲームになる。そういうきっかけになるキャパシティをスマートフォンはもっていると思いますね。だからこそ、先ほどいった「iPhoneはゲームボーイだ！」なんですよ。

**牧野**：となると、従来のゲームとは様相の違うゲームがでてくることになりますね。

**遠藤**：というより、遊びって、そもそも自由なものなんですよ。それを任天堂が、ゲームボーイというプラットフォームで遊びの一部を切り取ったんだと思います。

**牧野**：その遊びの一部を、ぼくらが勝手に「ゲームとはこういうものだ」と思いこんでいるところがある。

**遠藤**：ゲームボーイが規定していたゲーム、遊びが、いよいよ解き放たれる時代がきているということです。でも、それが楽しい世界になるのかどうかはわからないところもあります。遊びって、縛られること、制約があることで面白くなるわけですから。

## 任天堂はどこへ行くのか？

**牧野**：ドローンって、実は任天堂の得意分野なんじゃないんですかね。本格的なものじゃなくて、遊びに使うドローンとか。

**遠藤**：そうだよね、横井イズムからしたら、女風呂《ぶろ》のぞくためのドローンとか（笑）。

**牧野**：横井さんが今生きていたら、ドローンと３Ｄプリンターはまっさきに買って遊んでいると思います。

**遠藤**：横井さんにとっては、今、めっちゃ面白い時代になりましたよね。

**牧野**：任天堂はなぜそっちの方向にいこうとしないんだろう？

**山崎**：まだ枯れた技術になっていないんじゃないですかね。

**牧野**：いや、枯れているでしょ。ドローンに使われている要素技術自体は、ＧＰＳやセンサー類で、もう枯れているといってもいいですよ。

**遠藤**：まあでも、急激に小さくなって、安価になったのは、ここ数年のことですからね。ロンドンのトイフェアのニュースを見ていたら、子供向けのスマートウォッチなどがたくさん出品されていましたね。子供は大人のやることを真似するので、先取りしておくという発想。

**山崎**：岩田社長は、インタビューで、ハードとソフトの一体ビジネスは変えませんといっていますね。そこから新しいものを生みだしていくんだと。

**牧野**：ごく常識的に考えたら、スマートフォン向けに無料ゲームをつくって、それを入り口にして、ゲーム機の世界に誘導しようと、そういう戦略だととれますよね。

**山崎**：それに近いことを、すでに岩田社長もおっしゃってますね。流入経路を広げていくものとしてスマートフォンを見ていると。

**牧野**：前から疑問なんですけど、スマートフォンのゲームって、1プレイ3分が基本なんですよ。電車に乗っているスキマ時間に遊ぶことを想定している。そのため、複雑なゲーム性やストーリーをつくり込むことがむずかしくて、ただタップするだけで進む「ポチゲー」などとも揶揄《やゆ》されます。任天堂の強みって、ゲーム性だったり、ストーリーの面白さだったりしますよね。でも、そこをつくりこむと1プレイが3分では終わらない。この壁をどうやって任天堂は越えて、スマートフォンに進出しようとしているんでしょう？

**山崎**：ＤｅＮＡもガチャなどの課金で批判を浴びたので、スマホゲームは決して危ないものではないというイメージづくりをしたい。任天堂もスマートフォンに進出することで間口を広げたい。その思惑が一致したのだと思います。

**牧野**：でも、課金を任天堂はどうするんでしょう？　任天堂としては、射幸心を煽《あお》って課金するようなことはぜったいにできない。かといって、無料配布無課金ではビジネスにならない。じゃあ、スクウェア・エニックスのドラゴンクエストシリーズのようにゲームアプリを販売する方法をとるんでしょうか？

左から、山崎氏、牧野氏、遠藤氏

**山崎**：そこはわかりません。でも、課金を軸にしたゲームづくりをしていくことはないと思いますし、そういう発想は任天堂にはないんじゃないでしょうか。

**遠藤**：ネットフリックスって、月額10ドルくらいで見放題というサービスなんですよね。だから、安心して楽しめるから加入者が５００万人もいて米国のトラフィックの半分を占めるなんていわれてる。それで安売りだけかというと、テレビ放送も始まっていないウルトラハイビジョン対応や豪華なオリジナル番組を投入している。ああいう世界を目指せばいいんじゃないですかね。任天堂には親も子も安心して遊べるゲームをつくる会社というイメージを守ってほしいですね。

（２０１５年3月24日、九段下《くだんした》にて）

本書は二〇一〇年六月に小社より刊行された単行本『ゲームの父・横井軍平伝
任天堂のDNAを創造した男』を加筆修正、改題し、新書化したものです。

**牧野武文（まきの・たけふみ）**

ITジャーナリスト。ITビジネスやIT機器について、消費者の視点からやさしく解説することに定評がある。著書に『Googleの正体』（マイコミ新書）、『論語なう』（マイナビ新書）など。『横井軍平ゲーム館』（アスキー）、『おもちゃの昭和史』（角川書店）などの構成も手がけている。

# 任天堂《にんてんどう》ノスタルジー　横井軍平《よこいぐんぺい》とその時代《じだい》

牧野武文《まきのたけふみ》

2015年6月10日　初版発行
2025年9月10日　6版発行

◆◇◇

発行者　山下直久
発　行　株式会社KADOKAWA
〒102-8177　東京都千代田区富士見2-13-3
電話　0570-002-301（ナビダイヤル）

装丁者　緒方修一（ラーフイン・ワークショップ）
ロゴデザイン　good design company
印刷所　株式会社KADOKAWA
製本所　株式会社KADOKAWA

角川新書

ISBN978-4-04-102374-7 C0295